S. S. Rakhimkhodjaev
D. N. Kadyrova

TEORIA DA ENGENHARIA DE TECIDOS

S. S. Rakhimkhodjaev
D. N. Kadyrova

TEORIA DA ENGENHARIA DE TECIDOS

Tecidos complexos

ScienciaScripts

Cover image: www.ingimage.com

This book is a translation from the original published under ISBN 978-620-7-48661-8.

Publisher:
Sciencia Scripts
is a trademark of
Dodo Books Indian Ocean Ltd. and OmniScriptum S.R.L publishing group

120 High Road, East Finchley, London, N2 9ED, United Kingdom
Str. Armeneasca 28/1, office 1, Chisinau MD-2012, Republic of Moldova, Europe
Managing Directors: Ieva Konstantinova, Victoria Ursu
info@omniscriptum.com

Printed at: see last page
ISBN: 978-620-8-53132-4

Conteúdo

DESCRIÇÃO.

O artigo apresenta a teoria da estrutura e as particularidades do tratamento da produção de tecidos de trama complexa. São dadas definições, objectivos, vantagens, desvantagens, princípios, tipos de tecidos complexos. São apresentados os métodos de construção de tecidos complexos. Os princípios de construção destes tecidos são fundamentados. São dados exemplos de construção e análise de tecidos de trama complexa. É dada especial atenção à construção do padrão de enchimento completo do tecido com base na secção do tecido, o que simplifica a construção de tecidos complexos. Destina-se a investigadores, tecnólogos, designers, construtores, desenhadores, mestres e bacharéis, trabalhadores da indústria têxtil que lidam com tecidos complexos.

INTRODUÇÃO

A tecelagem, enquanto arte e ofício, tem raízes profundas. Em tempos longínquos, o homem criava vários objectos para a comodidade da existência - roupas, calçado, roupa de cama, cestos, redes, etc. A obtenção destes objectos (produtos) era feita através da tecelagem de tiras de pele de animais, erva, canas, linho, arbustos e árvores. Esta criatividade dos antepassados deu origem à tecelagem - uma das formas de tecelagem e aos aparelhos de tecelagem - o tear de armação, os teares manuais com disposição vertical, horizontal e circular da teia. A conceção dos teares foi determinada pelo tipo de material a processar, pela trama do tecido, pelas condições climatéricas e pelo modo de vida das populações. Atualmente, um tear moderno é de alta velocidade, informatizado, com excelente ergonomia, com uma vasta gama de tecidos produzidos, com mudança rápida de gama e com produção de tecidos de alta qualidade. Quase todos os povos do mundo têm mitos e lendas relacionados com o fabrico de tecidos, que se reflectiram na literatura e na arte da época. Um exemplo disso é um tratamento em verso da antiga história iraniana "Shahnameh" de Ferdowsi - para a confeção de seda, peles, tecidos, a partir de casulos, peles e linho leve, ele ensinou a fiar fios e ficou atrás da máquina, para tecer habilmente na base do pato. Como podemos ver, a arte de decorar tecidos surgiu na Antiguidade. O homem sempre se esforçou por tornar o seu vestuário elegante e confortável, ou seja, esforçou-se por criar diferentes padrões no tecido. O padrão no tecido pode ser obtido através da tecelagem, entrelaçando os fios da teia e da trama, e no processo de acabamento do tecido acabado, bordado ou impressão. A formação de padrões por tecelagem é acompanhada por processos artísticos e tecnológicos, cuja combinação permite obter uma variedade de efeitos de luz e de textura no padrão, através da reflexão diferente da luz de diferentes partes do tecido. A peculiaridade e a expressividade do padrão são asseguradas pelo entrelaçamento de diferentes estruturas de tecido e pela sua tecelagem num tear remise ou jacquard.

CAPÍTULO 1

1. TECIDOS COMPLEXOS

As tranças principais, derivadas e combinadas são consideradas simples, uma vez que são construídas com um sistema de fio principal e um sistema de trama. As tecelagens complexas são aquelas em que estão envolvidos vários sistemas de fios principais e vários sistemas de trama. Cada um dos sistemas de fios é colocado um por cima do outro, formando camadas de tecido. Por conseguinte, a frente e o verso do tecido são tecidos independentes, designados por tecidos de dupla face ou de duas faces. Os tecidos de dupla face são aqueles que têm a mesma frente e o mesmo verso do tecido. Os tecidos de dupla face são aqueles que têm diferenças na frente e no verso do tecido.

Vantagens das tecelagens de dupla face e de dupla face:

- aumento da espessura e do peso do tecido, sem alterar a densidade linear dos fios de teia e de trama;
- obter o mesmo tipo ou tipos diferentes de tecelagem em ambos os lados do tecido;
- formação nas duas faces do tecido de fios iguais ou diferentes na cor, na qualidade, no tipo de fio.

O enchimento e a elaboração de tranças complexas são acompanhados de algumas dificuldades:

1) A participação de vários sistemas de urdidura e de trama na formação de um tecido exige vários teares e teares multicolores (multitrama).

2. nalguns casos, são necessários teares especiais para tecidos específicos, tais como lã de trama, lã de teia, caseado, piquet, openwork, etc.

H. Disposição dos fios de urdidura e de trama no tecido em camadas sobrepostas, e não lado a lado.

Os tecidos produzidos por tecelagem complexa destinam-se a fins domésticos e técnicos. A base para a construção de tecidos complexos são os tecidos principais, derivados e combinados.

Construir tranças complexas utilizando os seguintes princípios:

1 A trama e as tramas principais dos tecidos de camada única servem de base;

2 As coberturas externas longas da camada superior devem ser colocadas mais próximas umas das outras para cobrir as sobreposições internas curtas da camada inferior de tecido;

3 As lajes interiores curtas devem ser colocadas, tanto quanto possível, no meio de pavimentos longos;

4 As diagonais do lado exterior da camada superior e do lado exterior da camada inferior apontam em direcções opostas (com base em tecidos de sarja);

5 Na construção de tranças de dupla face, a relação entre os sistemas de fios

pode ser de 1:1, 1:2, 2:1;

6 Na construção de tranças de dupla face, a relação entre os sistemas de fios pode ser de 1:1;

7 Os tecidos das camadas individuais podem ser os mesmos ou diferentes e coordenados em termos da dimensão da relação;

8 A relação entre a densidade da urdidura e a densidade da trama nas telas deve ser de 1:1, 1:2, 2:1;

9 . Os fios da camada superior são identificados com algarismos árabes e os fios da camada inferior com algarismos romanos.

Os tecidos complexos subdividem-se nos seguintes tipos -Tecidos de dupla face e de dupla face de meia folha;

- Tecidos de duas camadas: em saco ou em côncavo; tecidos de largura dupla ou múltipla; tecidos com movimento de camadas; tecidos de duas camadas com diferentes métodos de preparação das camadas;
- da trama do tecido piqué;
- tecidos multicamadas;
- tecidos tufados, tanto de lã de pato como de lã básica;
- tecidos de ligadura (a céu aberto);
- tecidos de acolchoamento (felpa).

CAPÍTULO 2

2. TRANÇAS DE UMA CAMADA E MEIA

Os tecidos de uma camada e meia são tecidos que utilizam dois sistemas de urdidura (com urdidura adicional) e um sistema de trama ou dois sistemas de trama (com trama adicional) e um sistema de urdidura. No primeiro caso, os sistemas de urdidura são colocados uns sobre os outros e os fios de trama são entrelaçados com os fios de urdidura para os unir. Neste caso, a trama está sujeita a grandes tensões e tem um elevado grau de acabamento. No segundo caso, os sistemas de fios de trama são colocados uns sobre os outros e os fios de urdidura são entrelaçados com os fios de trama para os unir. Neste caso, a urdidura é submetida a tensões elevadas e tem um elevado grau de acabamento.

Nas tramas de uma camada e meia, a espessura e o peso do tecido podem ser aumentados sem engrossar o fio, podendo obter-se a mesma trama (dupla face) ou tramas diferentes (dupla face) na frente e no verso.

Estas tranças são subdivididas de acordo com o método de construção:

1 Tecidos de dupla face e de dupla face com uma urdidura adicional. Formada por dois sistemas de urdidura ligados por uma trama comum.

Os tecidos com uma longa sobreposição principal (sarjas básicas, cetim) são utilizados para a construção;

2 Tecidos de dupla face e de dupla face com uma trama adicional. É formada por dois sistemas de trama ligados entre si por um suporte comum. Para a construção, utilizam-se tecidos com longas sobreposições de trama (sarja de trama, cetins).

Metodologia de construção de tranças de uma camada e meia

3 são determinadas pela trama do exterior da camada superior e do exterior da camada inferior e pela relação entre os sistemas de fios.

4 A relação de base de uma trama de uma camada e meia com urdidura suplementar é igual ao produto da relação de base da trama de base pela soma da relação dos fios principais, e com trama suplementar é igual à relação de base da trama de base.

5 O comprimento da trama de um padrão de trama de uma trama de uma camada e meia com urdidura adicional é igual ao comprimento da trama da trama de base e com trama adicional é igual ao produto do comprimento da trama da trama de base pela soma da proporção de fios de trama.

6 A localização da sobreposição interna curta é determinada a partir da secção de tecido.

7 Fazer a trama do lado interior da camada inferior, tendo em conta a posição da sobreposição curta interior.

8 Fazer um molde de enchimento completo para um tecido de uma camada e

meia.

Construção de um tecido de dupla face de uma camada e meia com um suporte

A trama do lado exterior da camada superior é em sarja básica 3/1 (Fig. 1a). A trama do lado exterior da camada inferior é em sarja básica 3/1 (Fig. 1b). A relação entre os sistemas de urdidura é de 1:1. = = A relação de urdidura e trama da trama de base para a camada superior $Ro_{B\ R(yB)}$) = 4 (Fig. 1a) e para a camada inferior $R_{0(H)\ R(yH)}$) = 4 (Fig. 1b). De acordo com o ponto 9 do princípio de construção dos tecidos complexos, os fios de urdidura da camada superior são etiquetados com algarismos árabes e os fios de urdidura da camada inferior com algarismos romanos, enquanto os fios de trama permanecem etiquetados com algarismos árabes. A trama do lado interior dos fios de urdidura da camada inferior com os fios de trama é mostrada na (Fig. 1c). O padrão de urdidura Ro = 4 (1+1) = 8, e o padrão de trama $R_y = 4$.

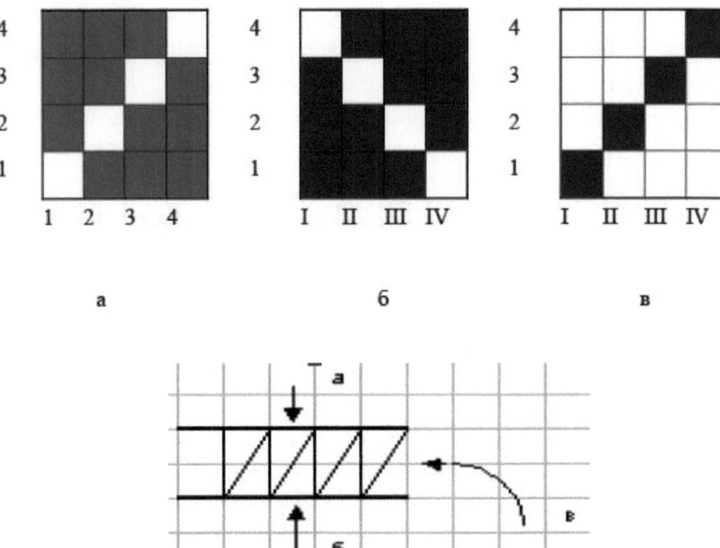

Fig. 1. Trama das camadas superior e inferior do tecido: a - trama no exterior da camada superior do tecido; b - trama no exterior da camada inferior do tecido; c - trama no interior do tecido dos fios de urdidura da camada inferior com os fios de trama.

Apresentemos o esquema da secção longitudinal do tecido na primeira urdidura (Fig. 2a) da urdidura superior (1) e determinemos a localização da sobreposição curta interior. Neste caso (de acordo com o ponto 3 do princípio de construção das tramas complexas), é razoável situar a sobreposição curta interior no terceiro fio da trama, ou seja, o primeiro fio da teia da camada inferior será o terceiro fio da teia inferior da trama do lado interior (Fig. 1c e 2d). Cortando sucessivamente o tecido para o segundo fio de teia e para os fios de teia seguintes, determinamos a localização da sobreposição curta interior para os outros fios de teia da camada inferior do tecido (Fig. 1c e 26, c, d, D.).

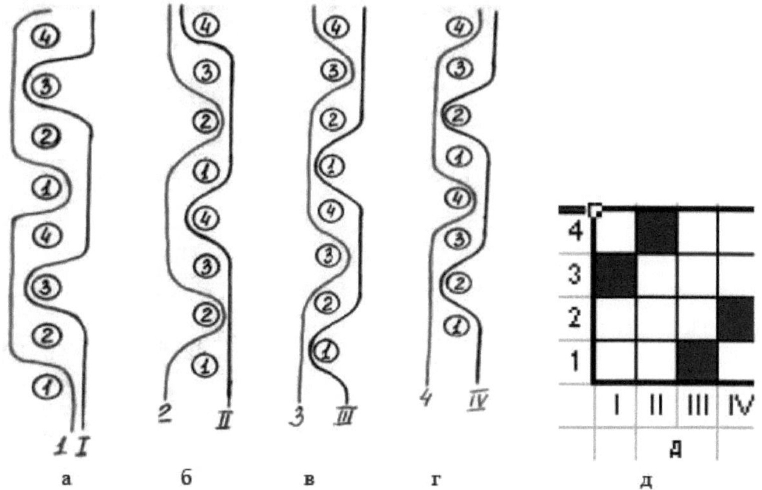

Fig. 2. Esquema da secção longitudinal do tecido (a, b, c, d) e da trama das sobreposições internas curtas no tecido (e) de um tecido de dupla face de uma camada e meia com suporte adicional

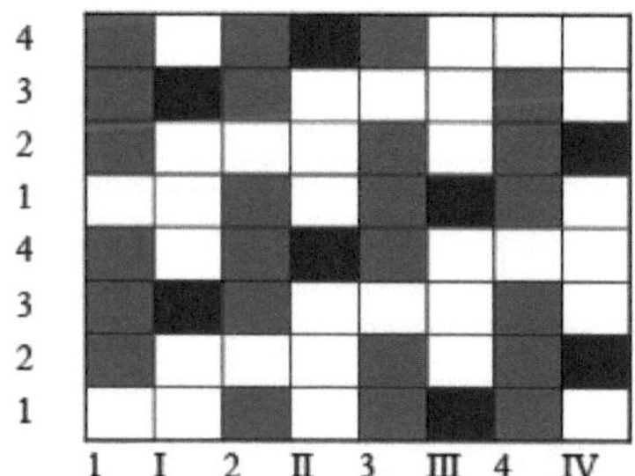

Figura 3. Padrão de enchimento de um tecido de dupla face de uma camada e meia com base adicional

Elaborar o padrão de enchimento de um tecido de dupla face de uma camada e meia com uma teia adicional (Fig. H). Para o efeito, transferimos o padrão de tecelagem da camada de teia superior (Fig. 1a) e, em seguida, a tecelagem das sobreposições interiores curtas da camada de teia inferior (Fig. 1c e 2d). O remiso pode ser em linha ou em abóbada, de preferência em abóbada, uma vez que a primeira abóbada é utilizada para as urdiduras menos solicitadas da camada inferior. = + O número de remizas na guarnição é igual à soma dos rapports na base da trama de base da camada inferior e superior K $_{ROB}$ Ro_H
O dente da palheta é roscado com um número de fios igual ou múltiplo da soma das relações dos sistemas de urdidura.

Construção de um tecido de dupla face de uma camada e meia com um de apoio.

A trama do lado exterior da camada superior do tecido é de bombazina 2/2 (Fig. 4a). A trama do lado exterior da camada inferior é acetinada de quatro fios (Fig. 4b). A relação entre os sistemas de urdidura é de 1:1.
= = = Pormenor por ply, trama complexa $_{Ro_B Ro_H}$ $R_{(yB)} Ry_H = 4$
Padrão de base do tecido de meia camada $_{Ro} = 4(1 + 1) = 8$
$R_y = 4$
Tomamos uma secção longitudinal do tecido no primeiro fio de teia da camada superior (Fig. 4g) e determinamos a localização da sobreposição interna curta. Neste caso, a sobreposição interna curta situa-se no primeiro fio da trama. A Fig. 4c mostra a tecelagem do lado interior dos fios de teia da camada inferior com os fios de trama. De seguida, transferimos as Figs. 4a e 4c para o modelo de enchimento 4d de um tecido de dupla face de uma camada e meia com uma teia adicional.
Os parâmetros de enchimento e de produção são semelhantes aos da tecelagem anterior, construída com base na sarja 3/1.

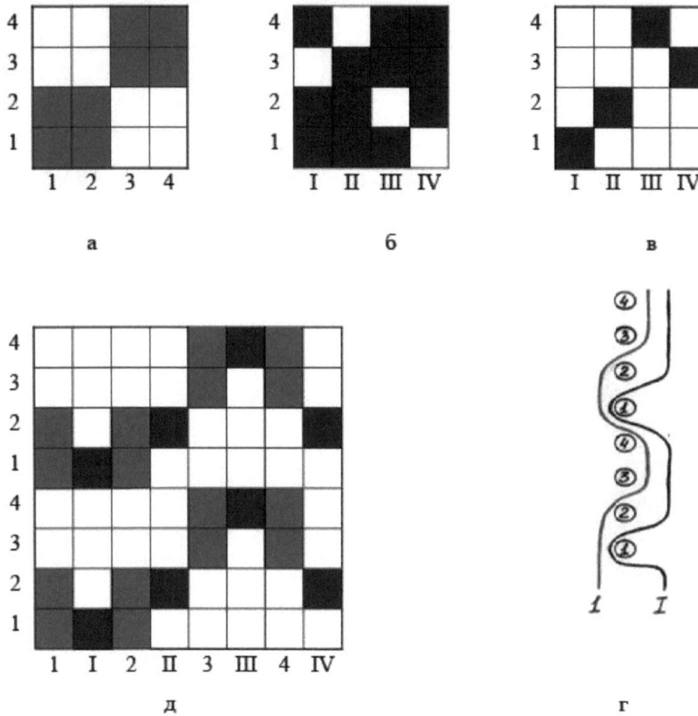

Fig. 4: Tecido Tecido de dupla face de uma camada e meia com a - trama no lado exterior da camada superior do tecido; b - trama no lado exterior da camada inferior do tecido; c - trama no lado interior do tecido de fios de teia da camada inferior com fios de trama; d - corte longitudinal do tecido ao longo do primeiro fio de teia da camada superior; e - padrão de enchimento de uma camada e meia de tecido de dupla face com suporte adicional.

Construção de um tecido de dupla face de uma camada e meia com uma trama adicional

trama.

A trama no exterior das camadas superior e inferior é uma sarja de trama de 1/3. A relação entre os sistemas de fios de trama é de 1:1. = = = O rácio da trama de base na urdidura e na trama das camadas superior e inferior é $R_{OB}\ R_{OH}\ R_{yB}\ Ry_{H} = 4$. Os fios de trama superiores estão identificados com algarismos árabes e os fios de trama inferiores com algarismos romanos (Fig. 5a, 56). A trama do lado interior dos fios de trama da camada inferior com os fios de urdidura é apresentada na Fig. 5c.

Fig. 5. Tecelagem das camadas superior e inferior de um tecido de dupla face de uma camada e meia com trama adicional: a - tecelagem no lado exterior da camada superior do tecido; b - tecelagem no lado exterior da camada inferior do tecido; c - tecelagem no lado interior do tecido dos fios de trama da camada inferior com fios de urdidura.

Rampa de uma camada e meia de tecido de dupla face com trama adicional na trama $R_y = 4\ (1 + 1) = 8$

Rampa de tecido dupla face de uma camada e meia com trama de tecido adicional na base $R_O = 4$.

Eis o esquema de um corte transversal de um tecido de dupla face de uma camada e meia com trama adicional no primeiro fio de trama (Fig. ba) e determinar a localização da sobreposição interna curta da camada inferior.

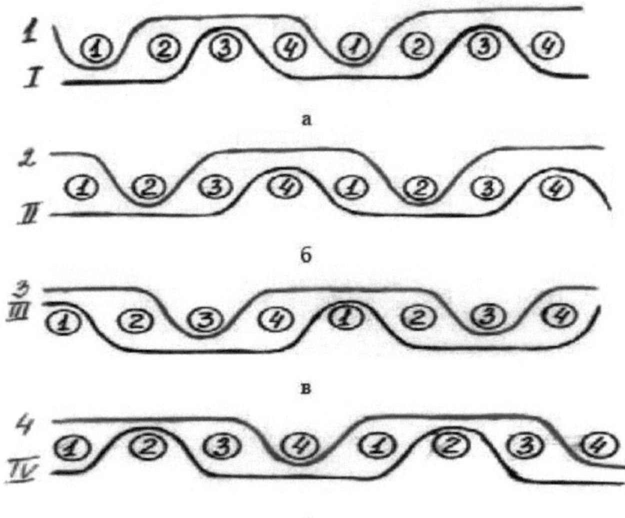

Fig. 6. Diagrama esquemático de uma secção transversal de um tecido de dupla face de uma camada e meia com trama adicional: a - ao longo do primeiro fio de trama; b - ao longo do segundo fio de trama; c - ao longo do terceiro fio de

trama; d - ao longo do quarto fio de trama.

Neste caso, é razoável colocar as sobreposições curtas interiores no terceiro fio principal. Por conseguinte, o primeiro fio de trama da camada inferior será o terceiro fio de trama da trama interior (Fig. 5c), e o segundo fio de trama será o quarto, o terceiro - o primeiro, o quarto - o segundo. =O número de tramas é igual à relação de base k R

Construção de um tecido de dupla face de uma camada e meia com trama adicional

trama.

A trama do exterior da camada superior é acetinada 5/2 e a da camada inferior é em sarja 1/4. A relação entre o fio de trama da camada superior e o da camada inferior é de 2:1. = = = Relação da trama de base na teia e na trama das camadas superior e inferior do tecido (Fig. 7a e 76) R_{OB} R_{OH} RyB Ry_H = 5. k = R_O.

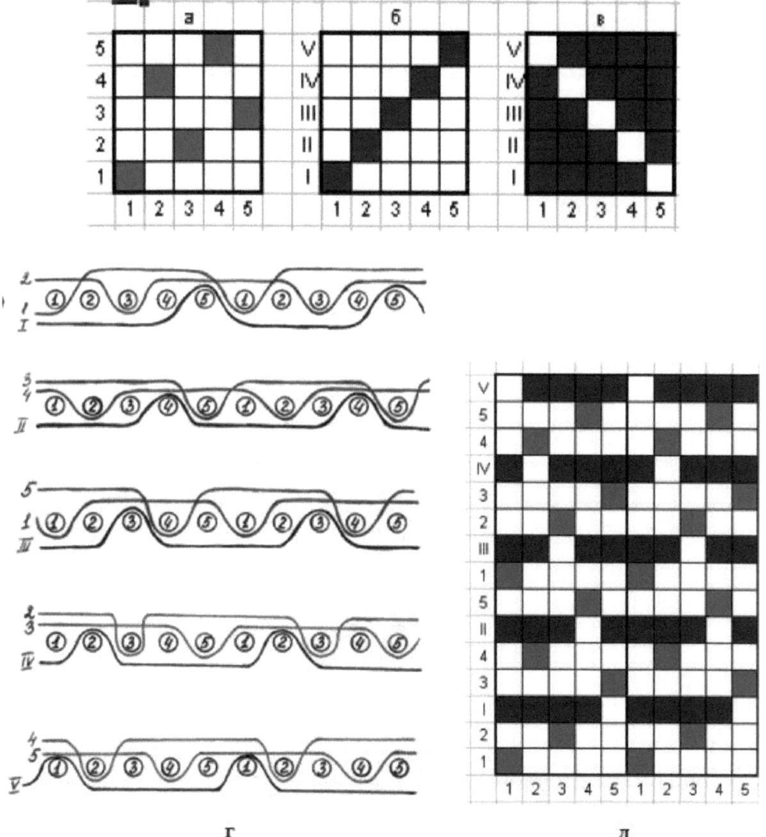

г д

Fig.7.Tecido de uma camada e meia de dupla face com trama adicional: a -

trama no exterior da camada superior do tecido; b - trama no exterior da camada inferior do tecido; c - trama no interior do tecido de fios de trama da camada inferior com fios de urdidura; d - secção transversal do tecido; e - padrão de enchimento de um tecido de dupla face de uma camada e meia com trama adicional.

$R_y = 5 (2 + 1) = 15$. O padrão de uma camada e meia de tecido de dupla face sobre a base Ro = 5. A Fig. 7c mostra a trama do lado interior dos fios de trama da camada inferior com os fios de teia, e a Fig. 7d a secção transversal do tecido e na Fig. 7d o padrão de dobragem de um tecido de dupla face de uma camada e meia. O franzido no remate é feito em sentido longitudinal, o número de remates é igual ao da relação de urdidura.

As amostras de tecidos de uma camada e meia são analisadas da mesma forma que os tecidos de uma camada e meia, tendo em conta a sua estrutura. Ao determinar a parte da frente e a parte de trás, tem-se em conta que a parte da frente é produzida a partir de matérias-primas de qualidade superior (caras) e que a direção das diagonais da esquerda para a direita é ascendente, além de ter uma trama pronunciada.

As direcções da urdidura e da trama são determinadas pelas seguintes caraterísticas

1 Quando existe uma aresta, a direção da base e da aresta é a mesma;

2 A densidade linear dos fios principais é menor do que a densidade linear dos fios de trama;

3 Os fios principais têm muitas reviravoltas;

4. de acordo com as caraterísticas específicas dos tecidos (dente da barba, gémeos, cortes inferiores, etc.).

O processamento dos fios de teia e de trama é determinado pela diferença entre os comprimentos dos fios endireitados e o comprimento do tecido, tanto para as camadas superiores como para as inferiores do tecido. Ao determinar a trama do lado exterior do tecido da camada superior com trama adicional, os fios de trama inferiores são retirados da amostra, e para os tecidos com urdidura adicional, os fios de urdidura inferiores são retirados. Para o efeito, forma-se uma franja na parte inferior e retiram-se cuidadosamente os fios correspondentes do lado esquerdo da amostra pelas pontas. O padrão de tecelagem é então transferido para o papel de tela.

Ao determinar a trama do lado exterior de um tecido da camada inferior com trama adicional, os fios de trama superiores são retirados da amostra, e para os tecidos com urdidura adicional, os fios de urdidura superiores são retirados. Em seguida, o padrão de trama é desenhado numa tela de papel. A proporção dos sistemas de fios nas camadas de tecido é então determinada por contagem.

A proporção da trama e do fio nas camadas determina o padrão de trama de um tecido de uma camada e meia na teia e na trama.

Ao determinar a trama do lado interior da camada inferior do tecido, dois fios de trama (tecidos com trama extra) ou dois fios principais (tecidos com urdidura extra) são destacados na franja e a sua interposição é revelada. Após a representação do padrão de tecelagem de um tecido de uma camada e meia, determina-se o número de franjas no revestimento e o tipo dos fios principais na cana e nas franjas.

Conclusão

Os tecidos de uma camada e meia são produzidos em teares equipados com teares de dobby, teares multicoloridos (multi-agulhas) e enfiamento de urdidura dupla (para fios de urdidura com processamento diferente). O enfiamento de tecidos de dupla face e de dupla face com urdidura adicional provoca um aumento do número de ourelas e a ourela consolidada torna o processo de ourela mais complicado. Os fios de urdidura que se encontram uns sobre os outros são recolhidos num único dente de cana. = Os tecidos de dupla face e de dupla face com trama adicional não requerem um aumento do número de resmas, mas a produtividade do tear em metros é consideravelmente reduzida A n - 60/Ru -10, m/hora, em que: n é a velocidade do eixo principal da máquina, min $^{-1}$, Ru é a densidade da trama do tecido, fios/dm.

As ourelas dos tecidos de uma camada e meia têm uma trama rep e utilizam fios com grande elasticidade (kapron, etc.).

CAPÍTULO 3

3. TECIDOS DE DUPLA CAMADA

A particularidade dos tecidos de camada dupla reside no facto de estarem envolvidos na sua construção dois sistemas independentes de urdidura e dois sistemas independentes de trama. Ao mesmo tempo, formam duas camadas independentes sobrepostas, livres ou ligadas uma à outra durante o processo de tecelagem.

Os tecidos de duas camadas subdividem-se de acordo com a forma como as camadas individuais são atadas:

- tecidos folgados ou ocos;
- para formar um tecido de várias larguras;
- tece para formar um tecido com camadas móveis;
- Tecidos de duas camadas com diferentes métodos de ligação das camadas.

Tecidos de saco ou ocos

São utilizados para a produção de mangueiras de incêndio ou de campo, tecidos técnicos, sacos. Os tecidos de base são o tecido liso, a bombazina 2/2, a trama 2/2, o cetim de quatro fios. Os seguintes princípios são utilizados na formação de tecidos de sacos:

I.Hπτπ os fios de urdidura e de trama da camada superior do tecido são numerados com algarismos árabes e os fios de urdidura e de trama da camada inferior do tecido com algarismos romanos.

2 Ao representar uma trama no papel, os fios da teia e da trama são convencionalmente deslocados para o mesmo plano.

3 Quando a trama é adicionada à camada superior, todos os fios de urdidura da camada inferior do tecido são largados (pnc.la).

4 Quando a trama é colocada na camada inferior do tecido, todos os fios de teia da camada superior do tecido são levantados (Fig. 1b).

5 O levantamento dos fios de teia da camada superior do tecido quando a trama é inserida na camada inferior do tecido é representado no desenho como um círculo.

6 As camadas de tecido são unidas nos bordos do penso através da alternância das tramas.

7 A relação de urdidura e de trama (R) de um tecido é igual ao menor múltiplo do número de fios da relação de trama de base (Re) multiplicado pelo número de camadas do tecido (K).

= R Re -K

8 Os cordões de baixo são baixados para formar a camada superior do tecido oco e levantados para formar a camada inferior do tecido (Fig.2)

Fig. 1 Esquema da formação de tecidos ocos de duas camadas

Para manter a densidade estabelecida do tecido oco, são utilizados cordões de baixo nos locais de transição da trama de uma camada para outra, ou seja, nos locais de dobras do tecido oco. As cordas são enfiadas em tramas individuais e em canas.

As cordas de baixo são baixadas durante a formação da camada superior do tecido e levantadas durante a formação da camada inferior do tecido. Isto significa que não são trabalhados pela trama (Fig. 2) e podem ser removidos livremente depois de retirar o tecido do tear.

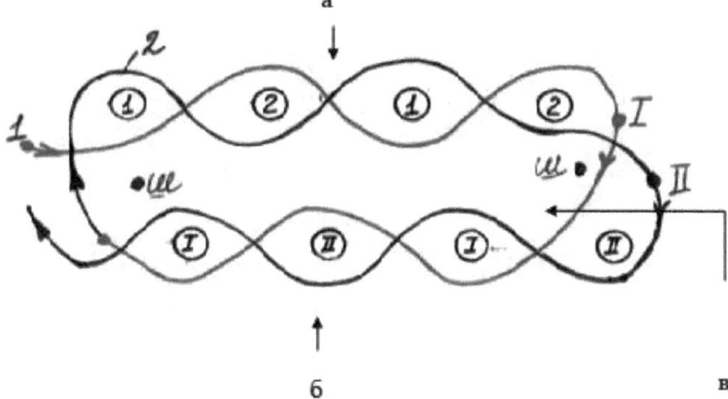

Fig. 2. Vista de um tecido oco de duas camadas: a - de cima; b - de baixo; c - interior.

Vamos construir o padrão de enchimento do tecido oco com base na tecelagem simples, a relação de tecelagem básica Re = 2, e a proporção de camadas de tecido vamos assumir 1: 1 (Fig.Za e 36).

Relação entre a teia e a trama do tecido oco

$$= = Ro\ R_{(y)\ 2Re} = 4$$

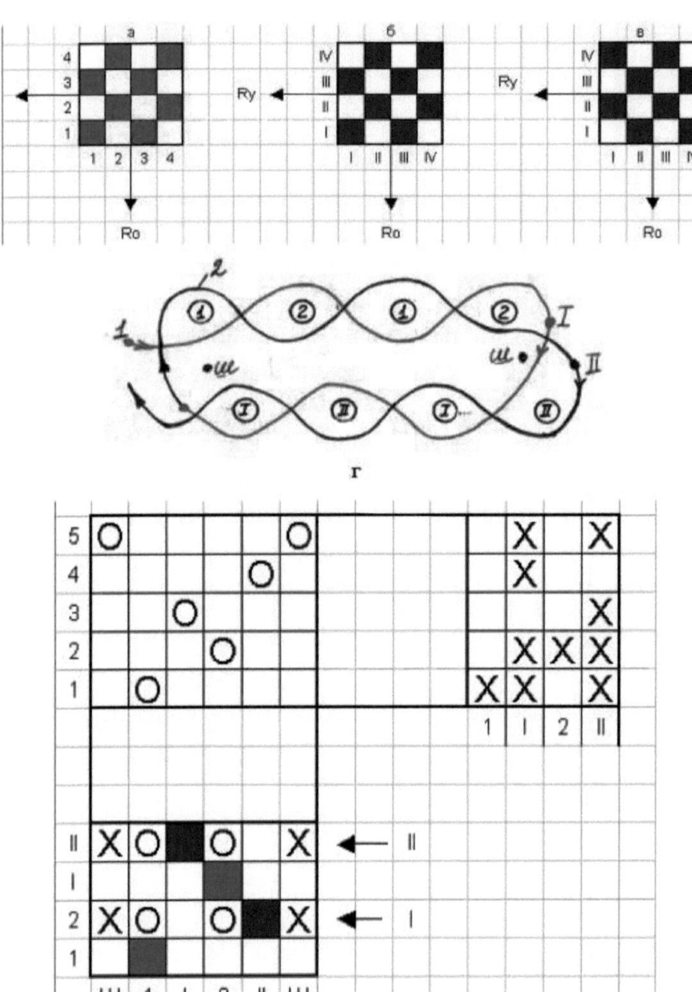

д

Fig.Z. Tecelagem do tecido oco de duas camadas: a - tecelagem no exterior da camada superior do tecido; b - tecelagem no exterior da camada inferior do tecido; c - tecelagem interna da camada inferior do tecido oco; d - secção transversal do tecido oco; e - padrão de enchimento do tecido oco de duas camadas.

Desenhamos a secção transversal do tecido (Fig. Zg) e definimos a trama interna da camada inferior do tecido (Fig. 2 e Zc). De seguida, transferimos a trama Za e Zv para o padrão de enchimento Zd.

Com base nos princípios dos pontos 3, 4, 5 e 8 da construção de um tecido oco, elaborar um padrão de enchimento completo para um tecido oco. A alternância das meadas de trama efectua-se na sequência seguinte:

- primeiro lance de trama para a camada superior do tecido;
- segundo salto para a camada inferior do tecido;
- Um terceiro pulo para a camada superior de tecido;
- O quarto salto é para a camada inferior do tecido.

As cordas de baixo (B) são retiradas do tear individual quando a camada inferior do tecido é formada. O processo de retirar as cordas de baixo depois de retirar o tecido oco do tear é muito trabalhoso. Por conseguinte, é conveniente desenvolver meios para manter uma determinada densidade do tecido nos locais de dobragem (transição das tramas de uma camada para outra), que substituam os cordões de baixo na máquina. Uma das variantes da disposição entre as camadas do tecido no bordo do tecido é uma tira (P) - retangular ou trapezoidal, oval e outras formas (Fig.1).

Tecidos de dupla largura

São desenvolvidas quando são necessários tecidos de largura superior à permitida pela largura do tear. A aplicação destes tecidos é limitada pelas seguintes razões: existem teares largos especiais; o enfiamento na máquina é muito difícil; a produção da máquina em metros é reduzida.

Na produção de tecidos de dupla largura, a sequência de colocação do fio de trama pode ser a seguinte

1 Primeiro assentamento da trama para a camada superior do tecido, segundo e terceiro para a camada inferior do tecido e quarto para a camada superior do tecido;

2 Primeiro e segundo assentamento da trama para a camada superior do tecido, terceiro e quarto assentamento da trama para a camada inferior do tecido.

Os tecidos de largura dupla são fabricados da mesma forma que os tecidos ocos. Vamos construir o padrão de enchimento do tecido de largura dupla com base na tecelagem simples, o padrão básico de tecelagem Re = 2, e a proporção de camadas de tecido é assumida como sendo 1:1. Padrão de tecido oco na urdidura e na trama

$$= Ro\ R_y = 2Re = 4.$$

Adoptaremos o segundo método de inserção da trama, ou seja, duas inserções de fios de trama na camada superior do tecido e duas inserções de fios de trama na camada inferior do tecido.

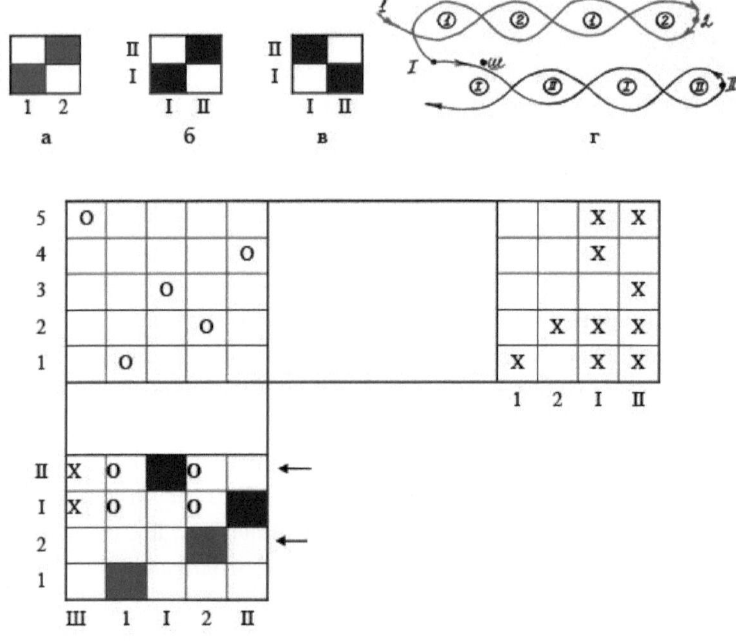

Fig.4. Tecido de camada dupla de largura dupla: a - trama no exterior da camada superior do tecido; b - trama no exterior da camada inferior do tecido; c - trama interior da camada inferior do tecido; d - secção transversal do tecido; e - padrão de enchimento completo do tecido de camada dupla de largura dupla.

Desenhar a secção transversal do tecido (Fig. 4d) e fazer a trama do lado interior do tecido (Fig. 4c). Em seguida, transferimos a trama da camada superior do tecido (Fig. 4a) e a trama do lado interior do tecido (Fig. 4c) para o padrão de enchimento do tecido (Fig. 4d). Tendo em conta as regras de construção de tecidos de largura dupla, fazemos um padrão de enchimento completo (Fig. 4d).

Tecidos de várias larguras.

Peculiaridades da construção de um tecido de várias larguras:

1 Os fios de teia e de trama das camadas são colocados lado a lado num plano no padrão de tecelagem.

2 Os fios de urdidura e de trama da primeira e da segunda camadas são designados, respetivamente, por algarismos árabes e romanos, e as camadas seguintes (terceira, quarta, etc.) pelas letras do alfabeto a, b, v, etc.

3 Os fios de teia das camadas ímpares mostram o exterior da trama de base, enquanto as camadas pares mostram o interior da trama de base.

4 Quando a trama é colocada na camada superior, alguns dos fios de teia da

camada superior (de acordo com o padrão de tecelagem) são levantados e os restantes fios de teia das camadas subjacentes são baixados.

5 Quando a trama é colocada na camada inferior, todos os cordões de urdidura e de baixo das camadas sobrepostas são levantados, bem como os cordões de urdidura da camada em causa, de acordo com o padrão de tecelagem.

6 O padrão de tecelagem dos tecidos de largura múltipla é igual ao produto do padrão de base (Kb) pelo número de camadas (K), R = Kb - K.

Conclusão

O fabrico de tecidos ocos, duplos e de largura múltipla é efectuado em teares especiais equipados com mecanismos de dobby ou excêntricos. O número de resmas é determinado como a soma dos rapports com base nas tramas de base das camadas e o número de resmas é igual ao número de camadas de tecido. O número de fios de urdidura é igual ou múltiplo do número de camadas do tecido. Estes tecidos são utilizados para mangueiras de incêndio, fitas de transporte, sacos sem costura e outros produtos tecidos.

CAPÍTULO 4

4. TECIDOS DE DUAS CAMADAS COM DESLOCAÇÃO DE CAMADAS NO TECIDO

A caraterística de uma tecelagem com movimento de camadas é que duas camadas de tecido são unidas ao longo do contorno de um padrão através do movimento das camadas. O motivo pode ser constituído por tiras longitudinais e transversais, quadrados, xadrez, etc. Neste caso, formam-se padrões bilaterais (secções de tecido) em relevo, fechados e ocos (em forma de capilar), que se distinguem entre si pela cor dos fios de teia e de trama ou pelo seu tipo (espessura, qualidade, etc.). Para produzir tecidos com este tipo de trama, são necessários dois sistemas de urdidura e dois sistemas de trama e a relação entre os sistemas de fios é de 1:1; se forem utilizados fios de densidades lineares diferentes, é possível 2:1 ou 1:2. As tramas básicas utilizadas são o tecido liso, a sarja, a cambraia 2/2 e outras. A relação de tecelagem depende do tamanho do motivo do padrão (largura da trama), da relação entre os sistemas de fios nas camadas de tecido, da densidade do tecido na teia e na trama e da relação de tecelagem de base. A construção da trama destes tecidos baseia-se na construção de tecidos ocos. No entanto, no limite do padrão de tecido, os fios nas camadas de tecido mudam de posição, ou seja, os fios de urdidura e de trama da camada superior movem-se para a camada de tecido inferior e os fios de urdidura e de trama da camada inferior movem-se para a camada de tecido superior. Devido a este movimento dos fios de teia e de trama nas camadas, as camadas do tecido são unidas. A Fig. 1 mostra uma trama com deslocamento de camadas, onde se pode ver que nos locais de transição dos fios de camada para camada entre os fios de teia 8-9 e 16-1 e entre os fios de trama V111-1X e XV1-1 se forma uma depressão, em resultado da qual os quadrados são convexos. Para construir uma trama com camadas móveis, é necessário ter o motivo do padrão e as suas dimensões, a trama de base, a densidade do tecido na teia e na trama. Vamos construir um padrão de enchimento do tecido com camadas móveis ao longo do contorno do padrão. O padrão é representado por rectângulos pretos e brancos com seis fios de teia e três fios de trama em cada camada (Fig.2). O rácio de camadas é de 1:1, a trama de base é sarja 1/2.

Figura 1. Vista e secção de um tecido de duas camadas com deslocamento de camadas.

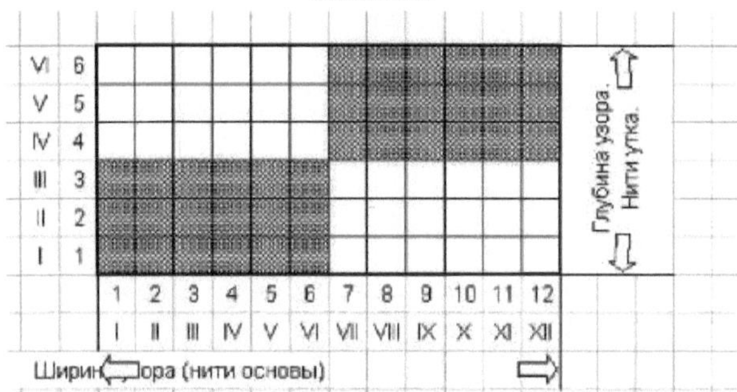

Figura 2. Motivo do padrão de um tecido de duas camadas com camadas móveis.

Relação de base da camada superior $Ro_B = 6 + 6 = 12$

Padrão de trama superior $R_{yB} = 3 + 3 = 6$

Tecido estendido sobre a base $Ro = 2\text{-} Ro_B = 2\text{-}\ 12 = 24$

$= {}_{R(y)} = 2\text{-}\ R_{yB}\ 2\text{-}\ 6 = 12$

Representemos a trama do lado exterior da camada superior (Fig. Za) e do lado interior da camada inferior (Fig. Zb). Transferir a trama (Fig. Z e Fig. Zb) para o padrão de enchimento (Fig. Zc). Desenhar os elevadores de urdidura da camada superior (O) para o entrelaçamento dos fios de urdidura e de trama da inferior.

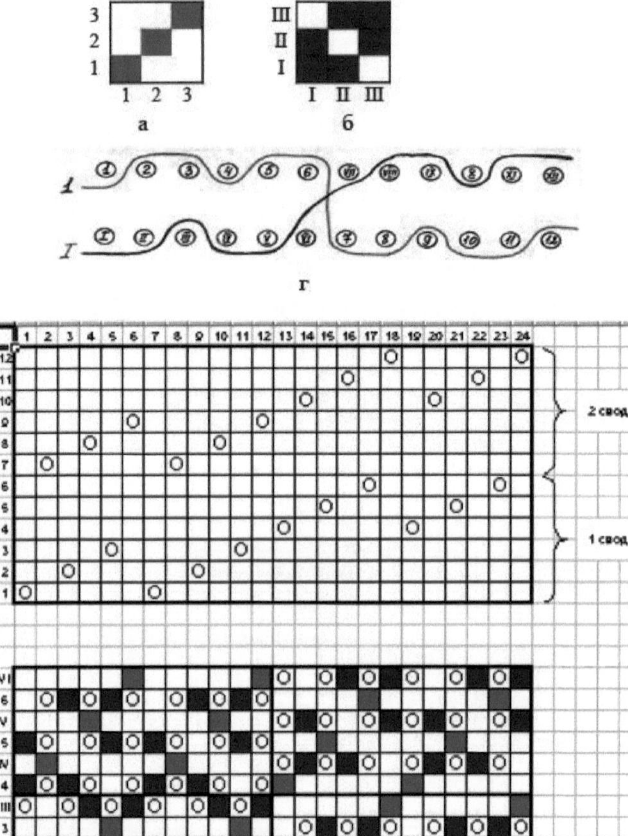

Fig.Z. Tecelagem de um tecido de duas camadas com camadas móveis ao longo do contorno do modelo: a - tecelagem no exterior da camada superior do tecido; b - tecelagem no exterior da camada inferior do tecido; c - tecelagem interior da camada inferior do tecido; d - secção transversal do tecido; e - padrão de dobragem de um tecido de duas camadas com camadas móveis ao longo do contorno do modelo.

Note-se que a teia e a trama da mesma cor são superiores ou inferiores ao longo do comprimento do rapport. Se no primeiro elemento do modelo eram superiores, no segundo elemento do modelo serão inferiores, o que é claramente ilustrado pelo corte transversal do tecido, e a junção das camadas ocorre após seis fios de teia das camadas superior e inferior e após três fios de trama das camadas superior e inferior. Os fios de urdidura são interrompidos ao longo das abóbadas.

Conclusão

Os tecidos de duas camadas com movimento de camadas são produzidos em teares equipados com teares dobbies ou Jacquard, dispositivos multicores ou teares multifilamentos.

Os fios de urdidura são geralmente recolhidos nas urdideiras, sendo os fios de urdidura da mesma cor ou tipo de matéria-prima recolhidos em cada urdideira. O número de canas corresponde ao tipo de trama de base, ao motivo do padrão e à densidade de urdidura do tecido. O número de fios de teia no dente de junco é par (fio da camada superior e fio da camada inferior). Os tecidos de base podem ser de ponto liso, de sarja, etc. Os tecidos de duas camadas com camadas deslocadas são utilizados como decoração, vestuário, casacos, toalhas de mesa e guardanapos.

CAPÍTULO 5

5. TRAMA DE DUAS CAMADAS COM DIFERENTES MÉTODOS DE ENCADERNAÇÃO

Os tecidos formados com este tipo de tecelagem consistem em duas camadas estreitamente entrelaçadas para formar um único tecido de espessura dupla. Este tipo de tecelagem é muito utilizado na produção de cortinados de inverno e de tecidos de peso. Os fios de urdidura podem ser os mesmos que os fios de trama (espessura, tipo de fibra, etc.), mas podem ser diferentes consoante a natureza do tecido. Os métodos de atar (ligar) as camadas nos tecidos de duas camadas são os seguintes

1.Vestir de baixo para cima em tecidos de camada dupla, ou seja, a teia inferior é amarrada à trama superior (Fig. 1).

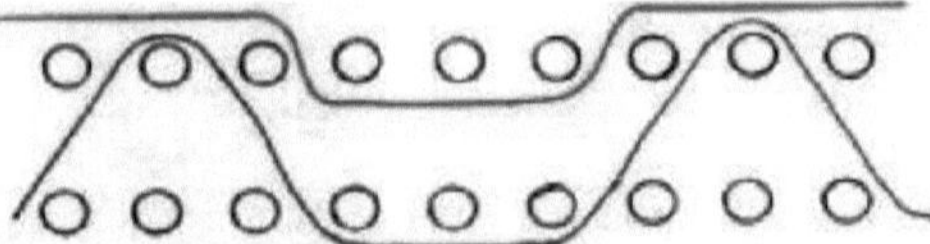

Figura 1. Revestimento de camadas de baixo para cima em tecidos bicamada.

2) Ligação de cima para baixo em tecidos de duas camadas, ou seja, os fios de teia superiores são ligados aos fios de trama inferiores (Fig. 2).

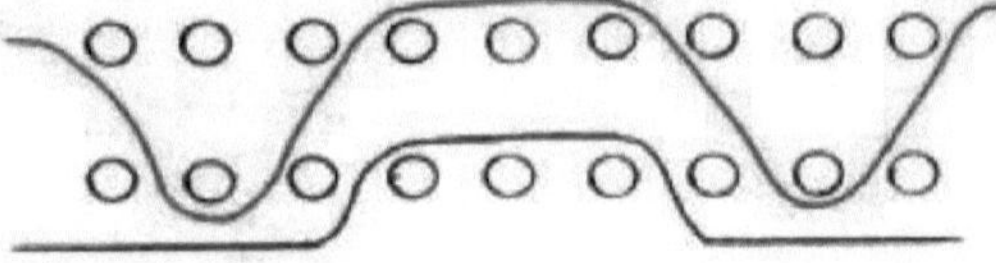

Figura 2. Revestimento de camadas de cima para baixo em tecidos de duas camadas.

3.Vestimenta combinada em tecidos de camada dupla, ou seja, a urdidura inferior é ligada à trama superior e a urdidura superior à trama inferior (Fig.H).

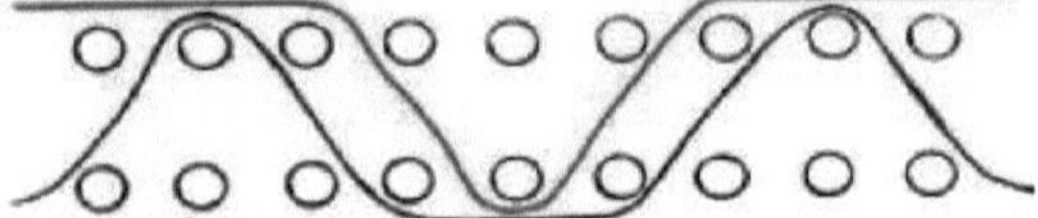

Figura 3. Revestimento de camadas combinadas em tecidos bicamada.

4. vestir com fios de pressão adicionais, ou seja, unir as camadas com fios de pressão da trama (Fig.4) ou fios de pressão da teia (Fig.5).

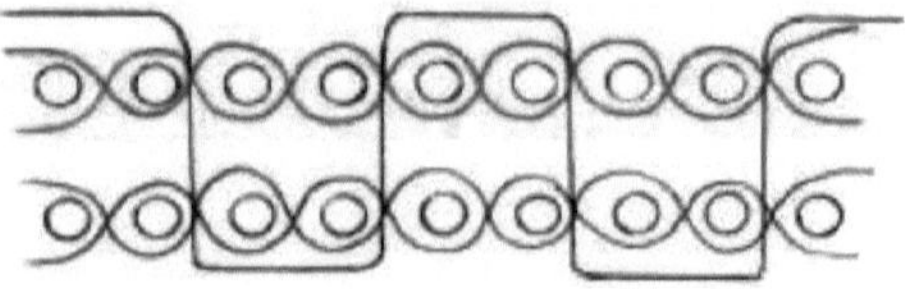

Figura *4*. Revestimento de camadas com fios de trama prensados adicionais em tecidos de duas camadas.

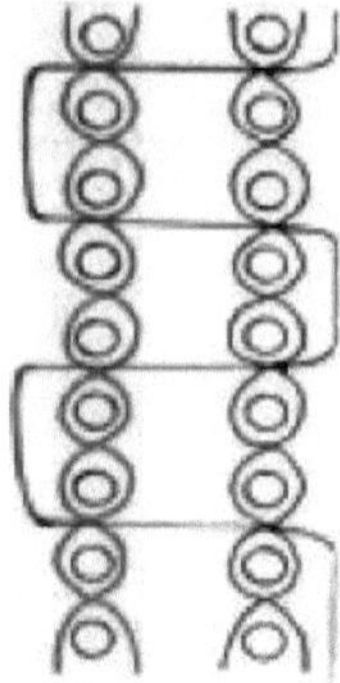

Figura 5. Revestimento de camadas com fios de prensagem adicionais em tecidos de duas camadas.

O método de penso é estabelecido com base nas seguintes considerações:

- a partir do rácio das densidades do fio entre as camadas;
- a partir da relação entre a espessura do fio, a qualidade e a cor das camadas;
- da natureza da finalidade e da tecelagem da frente e do verso do tecido.

Ao selecionar o método de atadura, é essencial que as camadas sejam firmemente atadas e que as ataduras individuais sejam ocultas e distribuídas uniformemente dentro do rapport do tecido. Para construir estas tramas, as tramas de base são as tramas fundamentais e as tramas derivadas, e ambos os lados podem ser entrelaçados de forma igual ou desigual. A urdidura (Ro) e a trama (R_y) de uma trama de duas camadas é igual ao dobro do menor múltiplo do número de fios da trama de base (Re)

= = Ro Ry 2R

Tecidos de duas camadas com entrelaçamento de baixo para cima

A trama de base das camadas é de sarja 3/3, sendo a relação entre o número de fios das camadas de 1:1. A trama é mostrada na parte exterior da camada superior do tecido na Fig. ba e na parte interior da camada inferior do tecido na Fig. 66. A relação de urdidura e trama da trama de base é Re = 6. A relação de urdidura e de trama dos tecidos de duas camadas

= = = Ro Ry 2-Re 2-6 = 12.

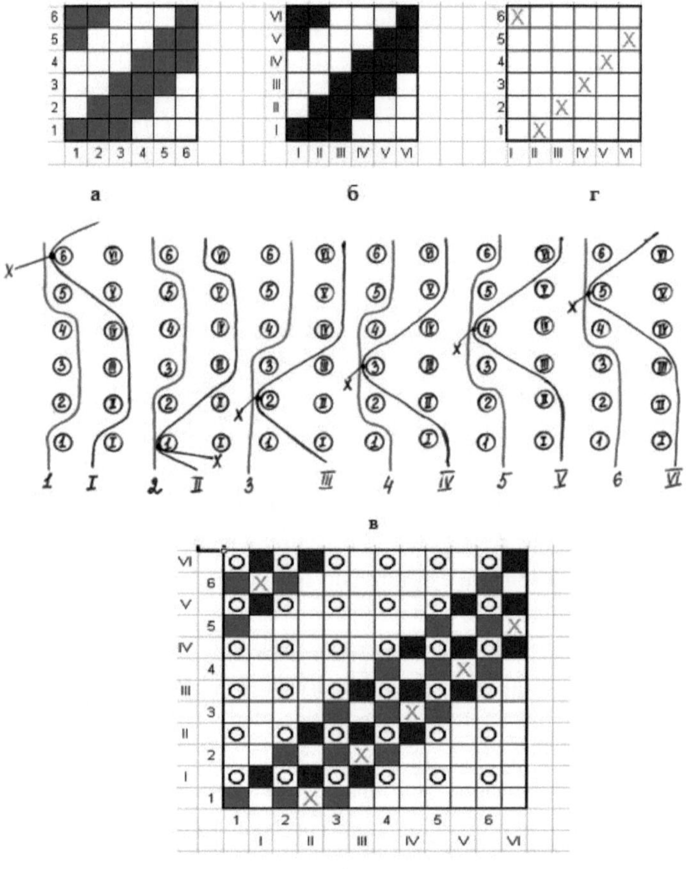

Fig. 6. Tecelagem de um tecido de duas camadas com a ligação das camadas de baixo para cima: a - tecelagem a partir do exterior da camada superior do tecido; b - tecelagem a partir do exterior da camada inferior do tecido; c - secção longitudinal do tecido e locais de ligação das camadas por fios de urdidura da camada inferior com fios de trama da camada superior; d - programa de ligação das camadas no tecido por fios de urdidura da camada inferior com fios de trama da camada superior; e - padrão de enchimento de um tecido de duas camadas com a ligação das camadas de baixo para cima.

A figura bc mostra uma secção longitudinal do tecido para determinar a localização da sobreposição interna curta da teia inferior e da trama superior, utilizando os princípios de construção de um tecido de duas camadas. Para o primeiro fio de urdidura da camada inferior do tecido, será a sexta trama da camada superior do tecido, o segundo fio de urdidura - a primeira trama, e o terceiro fio de urdidura - a segunda trama, etc. Os locais onde a urdidura inferior é ligada à trama superior estão marcados com (X), o que significa que a urdidura inferior é levantada para ser ligada à trama superior.

De acordo com a secção longitudinal do tecido (Fig. bb), tendo determinado os locais de atar, podemos fazer um programa de atar as camadas (Fig. bg). Em seguida, vamos fazer um molde (Fig. bd) de um tecido de duas camadas com amarração das camadas de baixo para cima. Para o efeito, transferimos a trama da camada superior (Fig. ba) e a trama da camada inferior (Fig. bb), bem como o programa de remate das camadas (Fig. bg). Na Fig. bd e marcar as elevações (O) da camada superior da teia enquanto se coloca a trama inferior. As madres dos fios de urdidura no remalhado são resumidas e o número de remalhados no enchimento (K) é determinado por

$$K = R_{OB} + R_{OH} = 6 + 6 = 12$$

Tecidos de duas camadas com entrelaçamento de cima para baixo

A trama básica das camadas de sarja é 3/3, a relação entre o número de fios nas camadas é 1:1. Tecer no exterior da camada de tecido Fig. 7a e no interior da camada de tecido inferior Fig. 7b.

A relação entre a teia e a trama da trama básica é Re = 6.

Comprimentos de teia e trama de camada dupla

$$= = = R_{O} Ry\ 2\text{-}Rö\ 2\text{-}6 = 12$$

A figura 7c mostra uma secção longitudinal do tecido, na qual utilizamos o princípio da construção do tecido de duas camadas para determinar a sobreposição interna curta da teia superior e da trama inferior. É razoável ligar o primeiro fio de urdidura da camada superior ao terceiro fio de trama da camada inferior, o segundo fio de urdidura da camada superior ao quarto fio de trama da camada inferior, e assim por diante. (Fig. 7c). Os locais onde a urdidura superior é ligada à trama inferior estão marcados (□), o que significa que a urdidura superior é baixada para ser ligada à trama inferior.

De acordo com a secção longitudinal do tecido (Fig. 7c), tendo determinado os locais de aplicação das camadas, podemos elaborar um programa de aplicação das camadas (Fig. 7d).

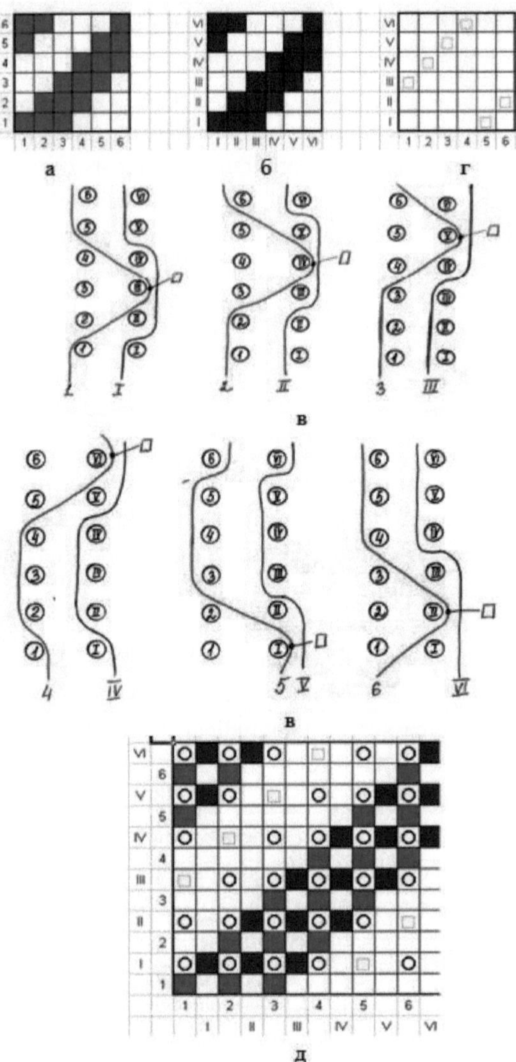

Figura 7. Trama de um tecido de duas camadas com camadas unidas de cima para baixo:

a - trama na parte exterior da camada superior do tecido; b - trama na parte exterior da camada inferior do tecido; c - secção longitudinal do tecido e locais de ligação das camadas por fios de teia da camada superior com fios de trama da camada inferior; d - programa de ligação das camadas de tecido por fios de teia da camada superior com fios de trama da camada inferior; e - padrão de dobragem do tecido de duas camadas com junção das camadas de cima para baixo.

No padrão de enchimento (Fig.7d), transferimos a trama da camada superior (Fig.7a), a trama da camada inferior (Fig.7b), o programa de ligação das camadas (Fig.7d) e marcamos o levantamento do fio de teia da camada superior ao formar a camada inferior do tecido. A seleção dos fios de teia no remate é resumida para 12 remates.

Tecidos de duas camadas com encadernação de camadas combinadas

Esta trama é utilizada para produzir um tecido forte e denso. Isto é possível amarrando a urdidura superior com a trama inferior e a urdidura inferior com a trama superior. Numa trama combinada, as tramas de baixo para cima e de cima para baixo são utilizadas ao mesmo tempo. Por conseguinte, as regras de construção do padrão de tecelagem de um tecido de duas camadas com um ligamento combinado são uma combinação das regras de ligamento "de baixo para cima" e "de cima para baixo" acima referidas. Tomemos a sarja de base com uma proporção de 3/3 do número de fios nas camadas 1:1.

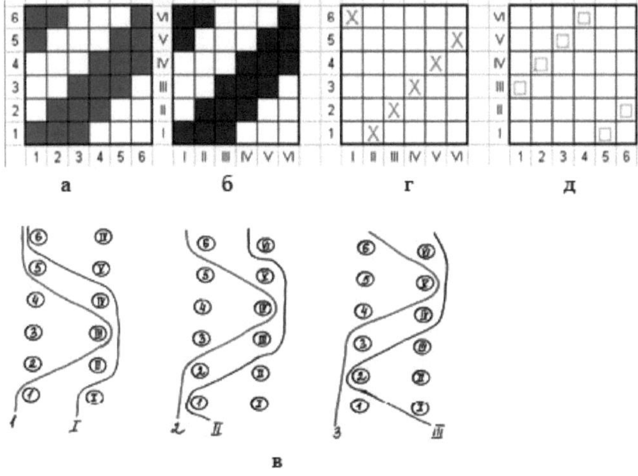

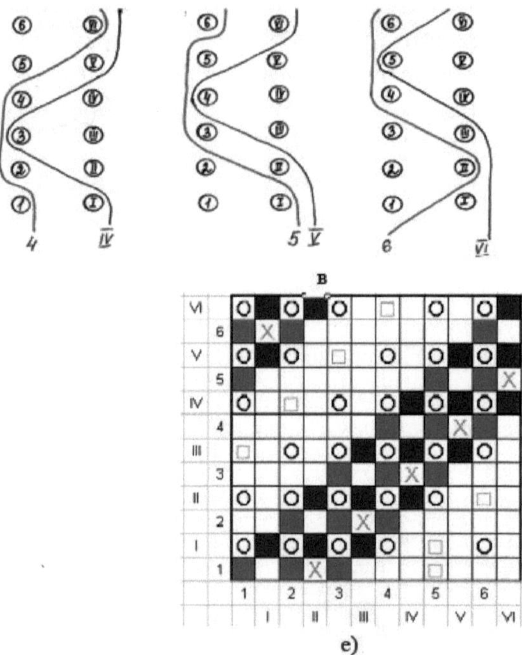

Figura 8. Trama de um tecido de duas camadas com ligação combinada das camadas: a - trama do lado exterior da camada superior do tecido; b - trama do lado exterior da camada inferior do tecido; c - secção longitudinal do tecido e locais de apresto das camadas superiores de teia com trama inferior e das camadas inferiores de teia com trama superior; d - programa de apresto das camadas do tecido por fios de teia da camada inferior com fios de trama da camada superior; e - programa de apresto das camadas do tecido por fios de teia da camada superior com fios de trama da camada inferior; f - padrão de enchimento do tecido de duas camadas com apresto combinado das camadas.

O comprimento do tecido de duas camadas com ligação combinada de teia e trama é de 12 fios. Apresenta-se a trama do lado exterior da camada superior do tecido na Fig. 8a e do lado interior da camada inferior do tecido na Fig. 8b. De acordo com a secção longitudinal (Fig. 8c), determinamos os locais de ligação da urdidura superior com a trama inferior e da urdidura inferior com a trama superior, sem violar os princípios de construção de tecidos complexos, e fazemos um programa de ligação da urdidura inferior com a trama superior (Fig. 8d), bem como da urdidura superior com a trama inferior.

trama (Fig. 8d). Em seguida, transferimos as tramas obtidas (Fig.8 - a, b, d, e) para o padrão de remate do tecido de duas camadas com remate combinado (Fig.8e), tendo em conta as regras de construção destes tecidos. O purl em remiz é consolidado por 12 remiz.

Tecidos de duas camadas com revestimento de suporte prensado

A particularidade reside no facto de cada fio de urdidura do calcador estar ligado a um fio de trama das camadas superior e inferior, sendo necessários três sistemas de urdidura (superior, inferior e calcador) e dois sistemas de trama (camadas superior e inferior). A relação entre os sistemas de fios pode ser variada. O rácio de tecelagem é determinado pelo produto do menor múltiplo das tramas das camadas de base pela soma dos rácios dos sistemas de fios. Isto tem em conta a relação de tecelagem da teia prensada com os fios de trama das camadas superior e inferior. A urdidura prensada tem um elevado grau de acabamento, pelo que é enrolada numa urdidura separada. Uma urdidura de três fios é colocada no remiz e os fios da urdidura superior e inferior são colocados no dente da cana. Vamos construir um padrão de enchimento de um tecido de duas camadas com uma urdidura prensada com base na trama de sarja básica 2/2, a proporção dos sistemas de urdidura 1:1:1 e 1:1 para os fios de trama.
⁼Relação do tecido de trama: R_y= (1+1) -Kb (1+1) '4 = 8.
Violação do tecido sobre a base: Ro = (1+1+1) -Kb = (1+1+1) -4 = 12.
O número de caniços no penso é de 12, os fios do caniço são de três fios e há três fios de urdidura (superior, inferior e de pressão) no dente do caniço. As figuras 9a e 96 mostram as tramas das faces exterior e interior do tecido. A representação da secção longitudinal da figura 9c permite determinar que são possíveis diversas variações da ligação da teia de pressão com a trama superior e a trama inferior. Para a primeira secção longitudinal, estas podem ser as seguintes amarrações do suporte da máquina de prensar: com a terceira trama inferior e a primeira trama superior; com a segunda trama inferior e a quarta trama superior; com a segunda trama inferior e a primeira trama superior; com a terceira trama inferior e a quarta trama superior.

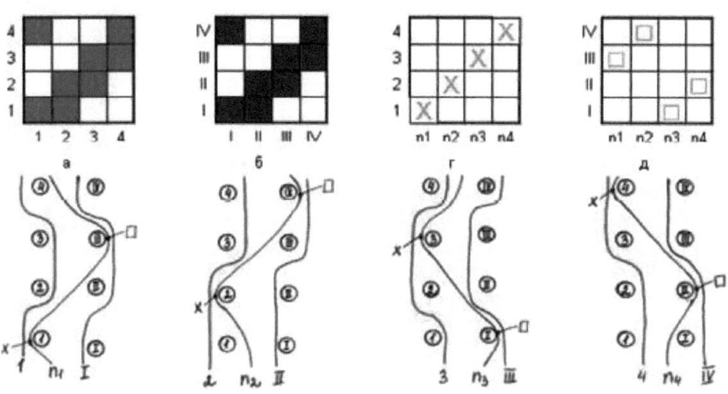

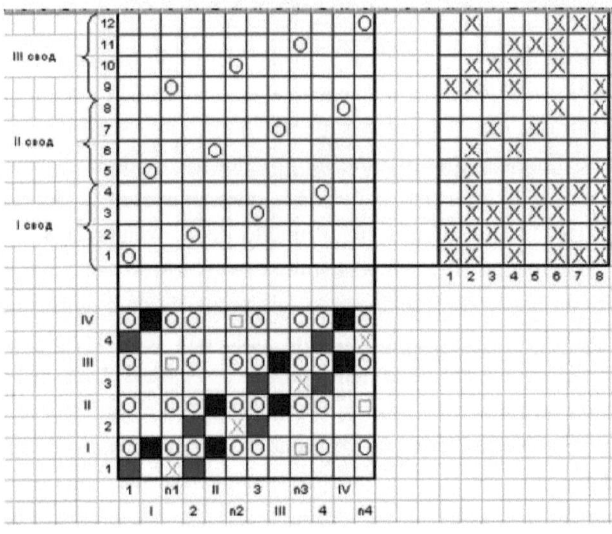

e

Figura 9. Tecelagem de um tecido de duas camadas por amarração das camadas com uma base de pressão: a - trama no exterior da camada superior do tecido; b - trama no exterior da camada inferior do tecido; c - secção longitudinal do tecido e locais de atadura das camadas pela urdidura de pressão com trama superior e trama inferior; d - programa para atar as camadas do tecido com os fios de urdidura de pressão com trama superior e trama inferior; e - programa para atar as camadas do tecido com os fios de urdidura de pressão com trama superior e trama inferior; f - padrão de enchimento do tecido de duas camadas atando as camadas com os fios de urdidura de pressão.

A secção mostra uma variante da amarração da base de fixação com a primeira pia superior e a terceira pia inferior. Como se pode ver na secção, quando amarrado com as tramas superiores, o suporte da prensa tem uma subida para cima e, quando amarrado com as tramas inferiores, tem uma descida para baixo. Denotemos os locais de apresto pela elevação da urdidura prensada acima da trama superior (X), e pela descida da urdidura prensada abaixo da trama inferior (□) Façamos um programa de apresto da urdidura prensada (**i**) com os fios de trama da camada superior (Fig.9d) e com os fios de trama da camada inferior (Fig.9d). Em seguida, transferimos as tramas da Fig. 9a e da Fig. 9b para o padrão de enchimento e definimos as elevações dos fios de urdidura superior e de prensagem (O) ao formar a camada inferior do tecido.

Tecidos de duas camadas com encadernação de trama prensada

A particularidade reside no facto de cada trama de prensar estar ligada a um dos fios de urdidura das camadas superior e inferior do tecido, sendo necessários três sistemas de trama (superior, inferior e de prensar) e dois sistemas de urdidura (camadas superior e inferior). A relação entre os sistemas de fios no tecido pode ser variada. A relação de trama num tecido é determinada pelo produto do menor múltiplo das tramas de base das camadas pela soma dos rácios das camadas. Isto tem em conta o padrão de tecelagem da trama prensada com os fios de teia superior e inferior. A trama é de cintura dupla no remiz e os fios de urdidura superior e inferior são tecidos no dente da cana.

Vamos construir um padrão de enchimento de um tecido de duas camadas com trama prensada com base na sarja 2/2, a proporção dos sistemas de fios de trama 1:1:1 e 1:1 dos fios de teia. O padrão de trama: R_y = (1 + 1 + 1) -Re = (1 + 1 + 1) -4 = 12.

Rampa do tecido sobre a base: Ro = (1 + 1) -Rs = (1 + 1) -4 = 8. O número de caniços do molho **k** = 8, o purl do caniço é de fio duplo e dois fios de urdidura das camadas superior e inferior são apanhados no dente do caniço. As figuras Yua e 106 mostram as tramas do lado exterior da camada superior e do lado interior da camada inferior. Na secção transversal do tecido (Fig. Jv), determinam-se as ligações possíveis da trama do calcador com a teia superior e com a teia inferior.

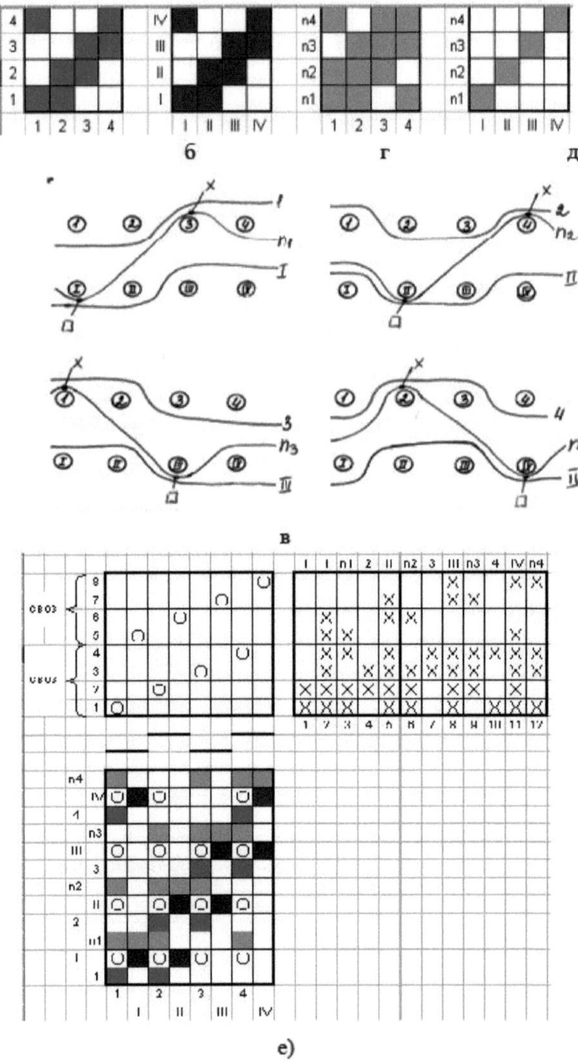

Figura 10. Tecelagem de um tecido de duas camadas, atando as camadas com uma trama prensada:

a - trama no lado exterior da camada superior do tecido; b - trama no lado exterior da camada inferior do tecido; c - secção transversal do tecido e locais de acabamento das camadas por prensagem da teia com a trama superior e a trama inferior; d - programa de acabamento das camadas do tecido por prensagem dos fios da trama com os fios da teia superior; e - programa de acabamento das camadas do tecido por prensagem dos fios da trama com os fios da teia inferior; f - padrão de enchimento do tecido de duas camadas por acabamento das

camadas por prensagem da trama.
Para o primeiro corte de tecido, existem quatro possibilidades de atar a trama do calcador aos fios de teia.
A primeira consiste em atar a trama do calcador ao terceiro fio superior da teia e ao primeiro fio inferior da teia.
A segunda consiste em atar a trama do calcador ao quarto fio superior da teia e ao segundo fio inferior da teia.
A terceira consiste em atar a trama do calcador ao quarto fio superior da teia e ao primeiro fio inferior da teia.
A quarta consiste em atar a trama do calcador ao terceiro fio superior da teia e ao segundo fio inferior da teia.
A secção transversal mostra uma variante para o primeiro fio de enchimento, em que a trama de prensagem está ligada à terceira urdidura superior e à primeira urdidura inferior. Designemos por (X) os locais onde a trama de prensagem está ligada à camada superior da teia, ou seja, neste local os fios da teia superior estão por baixo da trama de prensagem. Denotemos por (□) os locais onde a trama do calcador está ligada aos fios de urdidura inferiores, isto é, neste ponto os fios de urdidura da camada inferior estão acima da trama do calcador. Com base na secção transversal do tecido e nos locais onde as camadas são atadas pela trama de prensagem com a trama superior e a trama inferior (Fig. 10c), construímos um programa para atar a trama de prensagem com os fios de teia superiores (Fig. 10d) e com os fios de teia inferiores (Fig. 10d). Em seguida, transferimos a Fig. 10e, a Fig. 106, a Fig. 10g e a Fig. 10d para a Fig. 10e no padrão de enchimento do tecido de camada dupla, atando as camadas com a trama de pressão e colocando os elevadores (O) dos fios de urdidura superiores nas tramas inferiores e nas tramas de pressão.
Coser um fio de urdidura superior e um fio de urdidura inferior no dente da cana. Adoptamos um peneiramento de dois fios no remise, ou seja, todos os fios de urdidura superiores são peneirados no primeiro arco e todos os fios de urdidura inferiores são peneirados no segundo arco.

Conclusão

Os tecidos de duas camadas são produzidos em teares equipados com mecanismos excêntricos e de dobby shedding, dispositivos multicoloridos ou multicloth. Para a tecelagem de tecidos com tramas idênticas nas camadas, são utilizados teares de uma só cor ou de uma só fila. Podem ser utilizados teares de urdidura simples ou dupla, consoante os fios de urdidura das camadas. Na produção de tecidos com urdidura prensada, apenas é necessária a passagem de fio de urdidura dupla, uma vez que a urdidura prensada tem uma contagem de fios mais elevada. Os fios de urdidura são geralmente recolhidos na resma, sendo os fios de urdidura de uma camada recolhidos numa caixa e os fios de urdidura da outra camada recolhidos na outra caixa. No dente de junco, os fios de teia de cada camada são peneirados. Os tecidos de duas camadas são utilizados como tecidos de vestuário (cortinados) e tecidos técnicos (kirza, fitas técnicas, etc.).

6. TECIDOS MULTICAMADAS

Amplamente utilizado na produção de tecidos técnicos, feltros técnicos, correias de transmissão, tecidos filtrantes, kirz, etc. Os tecidos multicamadas têm uma elevada resistência ao rasgamento, à perfuração e à fricção. São utilizados teares especiais para produzir estes tecidos. Os tecidos multicamadas têm, pelo menos, três sistemas de urdidura e três sistemas de trama. Cada sistema de urdidura entrelaçado com a trama forma uma camada independente de tecido e as camadas individuais que se juntam e amarram formam um único tecido inteiro. Existem os seguintes métodos de atadura:

1. revestimento de camadas de cima para baixo, ou seja, de cima para baixo (Fig.1).

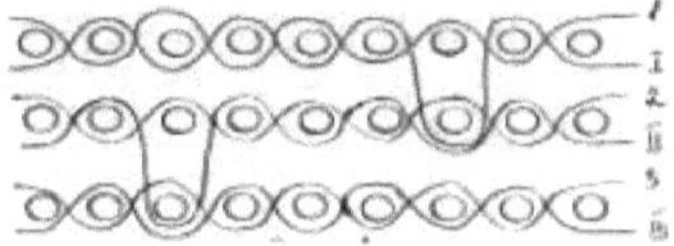

Figura 1. Revestimento das camadas de tecido, de cima para baixo.

2. revestimento de camadas da camada inferior para a camada superior, ou seja, de baixo para cima (Fig.2).

Figura 2. Revestimento das camadas de tecido de baixo para cima.

H. Cobertura das camadas de cima para baixo e de baixo para cima, ou seja, combinada (Fig. H).

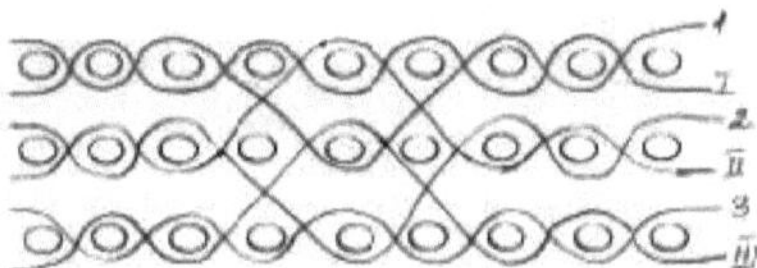

Fig.Z. Penso combinado de camadas de tecido.

4. revestimento das camadas com fios de pressão (Fig.4).

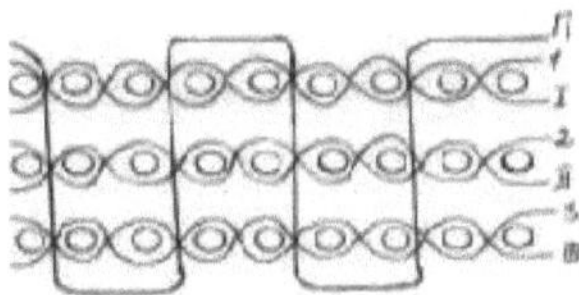

Figura *4.* Revestimento de camadas com roscas de fixação.

Quando as camadas de urdidura prensada são unidas, os fios de urdidura têm um elevado grau de acabamento, pelo que a urdidura prensada é enrolada numa urdidura de urdidura separada, o que complica o enchimento e a manutenção da máquina. O comprimento da urdidura nos tecidos multicamadas com fios de urdidura prensados é determinado pela fórmula Ro = 2is + n_{pr}, em que: Is - número de camadas; n_{pr} - número de fios de prensagem no rapport.

Determina-se o comprimento de propagação na base de um tecido multicamadas com camadas amarradas umas às outras: Ro = 2-nc. = Rape na trama de um tecido multicamadas: $R_{(y)\ Ryc}$-n_c onde: Rye- o padrão da trama numa camada.

A representação gráfica de uma trama multicamada é feita principalmente com base numa secção longitudinal do tecido, na qual se determina o número de camadas, a trama nas camadas, a natureza da ligação das camadas, a relação entre a teia e a trama. O número de camadas é determinado pelo número de filas de fios de trama. O padrão de enchimento baseia-se numa secção longitudinal do tecido. Os fios de teia e de trama de todas as camadas são numerados com algarismos árabes. Os fios de urdidura são recolhidos através dos fios de trama numa fila, e o número de fios igual à relação de urdidura é recolhido através do dente de cana. O número de laçadas (k) é igual ao padrão de urdidura **(R_0), k = R_0**

+ Número de remisturas na produção de tecido multicamada com urdidura prensada: k = Ro n_n, em que: n_n- número de fios de urdidura prensada no rapport do tecido.

Tecidos multicamadas com encadernação de camadas combinadas

Desenhe o padrão de trama de um tecido de três camadas. A trama de cada camada é uma trama simples. A ligação das camadas é combinada. A proporção do número de fios de camadas separadas na urdidura e na trama é de 1:1:1.

Relação de base: = = Ro 2-n_c 2-3 = 6. = = Padrão da trama: $R_{(y)\ Ryc}$-$n_{(c)\ 4\text{-}3}$ = 12.

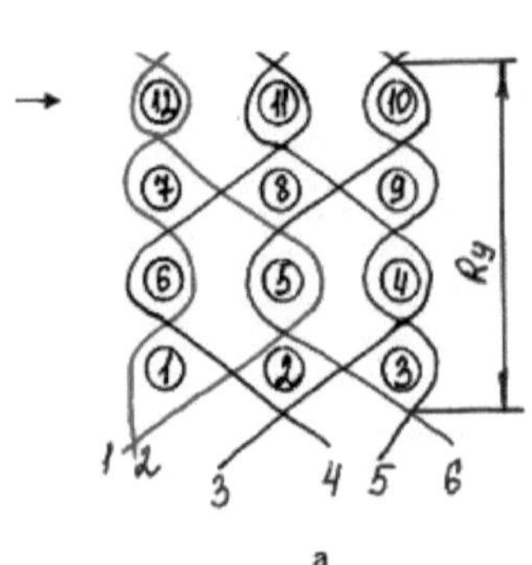

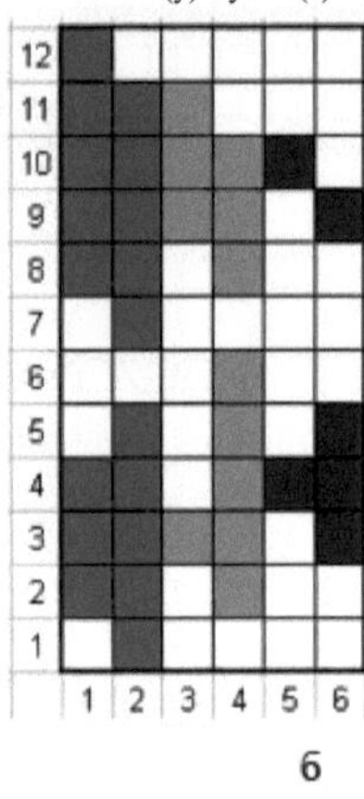

a 6

Figura 5. Trança de um tecido de três camadas por ligação de camadas combinadas

a - Secção longitudinal de um tecido de três camadas; b - Padrão de enchimento de um tecido de três camadas através da aplicação combinada de camadas.

Da secção longitudinal (Fig. 5a), conclui-se que, ao colocar a primeira trama, o segundo fio de urdidura é recolhido, e ao colocar a segunda trama, o primeiro, o segundo e o quarto fios de urdidura são recolhidos, e ao colocar a terceira trama, o primeiro, o segundo, o terceiro, o quarto e o sexto fios de urdidura são recolhidos, etc. O que precede é transferido para o padrão de enfiamento (Fig. 5b) de um tecido de três camadas.

A costura no remiz é feita linha a linha para seis remiz, todo o conjunto de fios de teia, ou seja, seis fios de teia, são cosidos no dente da cana.

Tecidos multicamadas com suporte de pressão

Vamos construir as tramas de um tecido de três camadas. A trama de cada camada é uma trama simples. A relação entre o número de fios das camadas na teia e na trama é de 1:1:1.

Relação na base: Ro = 2-Ns + n_{pr} = 2-3 + 2 = 8.

Relação com o pato $R_y = R_{yc} \cdot n_c = 2 \cdot 3 = 6$.

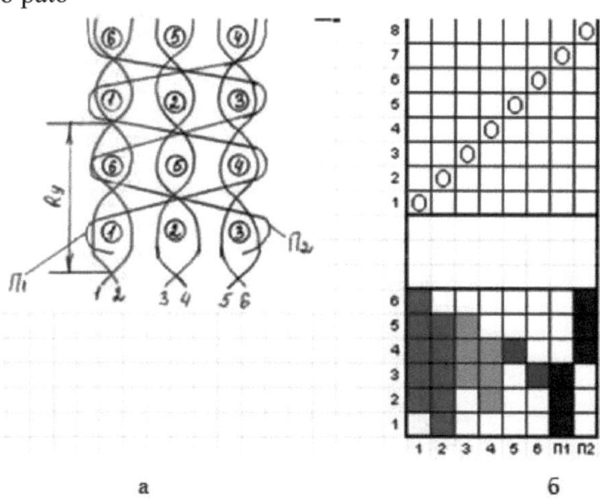

Fig. 6. Trama de um tecido de três camadas com ligadura à base de pressão: a - secção longitudinal de um tecido de três camadas; b - padrão de enchimento de um tecido de três camadas com ligadura à base de pressão.

Da secção longitudinal (Fig. 6a) resulta que a segunda urdidura e a primeira base do calcador (P1) devem ser levantadas durante a primeira tecelagem da trama, a primeira, a segunda, a quarta e a primeira bases do calcador devem ser levantadas durante a segunda tecelagem da trama, e a primeira, a segunda, a terceira, a quarta, a sexta e a primeira bases do calcador devem ser levantadas durante a terceira tecelagem da trama, etc. Durante estes períodos de colocação da trama, a segunda base do calcador (W) encontra-se na posição inferior. O raciocínio acima mencionado é transferido para a Fig. 66 e o padrão de enchimento da teia prensada de três camadas é elaborado.

O número de talões do penso é de oito, a trama da urdidura é em fila, a trama do dente da cana é de oito fios de urdidura.

Conclusão

Os tecidos multicamadas são produzidos a partir de fios com densidades lineares elevadas. Para a produção destes tecidos, são utilizados teares pesados com fios de urdidura simples, dupla e tripla, consoante o número de camadas, as densidades de urdidura e de trama nas camadas, o processamento do fio de urdidura e a forma como as camadas são atadas. Normalmente, os fios de urdidura são apanhados na fila de remiz, e os fios de urdidura são apanhados no dente de cana de todo o relacionamento de urdidura na urdidura.

CAPÍTULO 7

7. ESTACAS DE PILHA

Os tecidos com pelo são tecidos que têm uma cobertura de pelo na superfície, feita de pontas de fio densamente colocadas. Não devem ser confundidos com tecidos tufados, como o baik, a flanela e a boomzea.

De acordo com a natureza da formação da superfície do pelo, os tecidos subdividem-se em 1. pelo topstitch, no qual o pelo é formado a partir das pontas dos fios da trama. 2. pelo básico, em que o pelo é formado a partir das pontas dos fios principais.

Tecidos de fibra de lã

É necessário um sistema de urdidura e dois sistemas de trama para formar tecidos de lã de trama.

No processo de formação do tecido, as meadas de trama são subdivididas em meadas de fundo, que formam o fundo do tecido com as meadas de base e de pelo, a partir das quais se forma o pelo aquando do acabamento do tecido (Fig.1). Normalmente, como tecelagem de base, utiliza-se a tecelagem simples e a tecelagem em sarja e, como tecelagem de base para a pilha, utiliza-se a tecelagem acetinada. Os mais difundidos são os tecidos de lã de pato, como a bombazina-cord (pnc.la), a bombazina-rubchik, o semibarchat (Fig. 16). O semibarchat caracteriza-se por uma disposição uniforme dos pêlos na superfície do tecido, e o corduroy-rib distingue-se do corduroy-cord pela relação entre a teia e a trama. Os tecidos de lã de trama são utilizados para coser vestuário, calçado, etc.

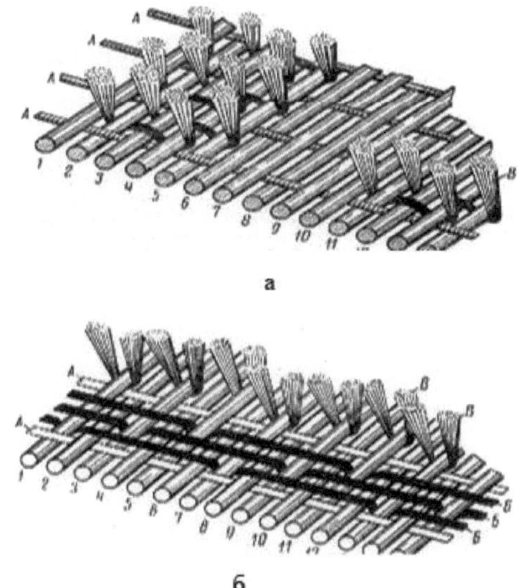

Fig.1. Esquema da estrutura de um tecido de lã em trama: a - cordão de

bombazina; b - semi-veludo; A - trama de terra (raiz); B - trama de pelo não cortado; C - trama de pelo cortado; 1,2,3, etc. - fios de urdidura.

= A relação de base Ro do tecido de lã de trama é definida como o menor múltiplo das relações de base da de base para as Ror do solo (raiz) e ROB da pilha, ou seja, quando Ro = 6 Ror ROB = 2 ou 3.

=Ao selecionar as tramas com base na base da trama de base (raiz) Ror, é necessário que esta seja igual ou múltipla da relação de trama da pilha de base Ro_B, ou seja, com Ro_B = 6 Ror 2 ou 3.

= A relação de base da trama de base da pilha Ro_B é igual à soma dos fios principais $No_{(B)}$, que se sobrepõe na formação do jogo de pilha, e dos fios principais Noz, pelos quais é fixada $R_{(0B)\,nOB} + n_{03}$

A relação de trama R_y de um tecido de lã é definida como o produto da relação de trama da trama de base $R_{(yr)}$ e a soma do rácio do número de fios da trama de base Nu_G e da trama de pelo Pu_C. = Ry Ry_r (Pu_G + $Pu_{(B)}$)), em que: Nu_G é o número de rácios do fio da trama do solo; n_{uv} é o número de rácios do fio da trama da pilha.

A relação entre o número de fios da trama do solo e da trama da pilha pode ser de 1:2 a 1:6 ou mais.

Vamos construir o padrão de enchimento da trama do tecido de bombazina.

O padrão de enchimento e a secção transversal do tecido são mostrados na Fig.2, o tecido tem uma pilha em forma de riscas na superfície.

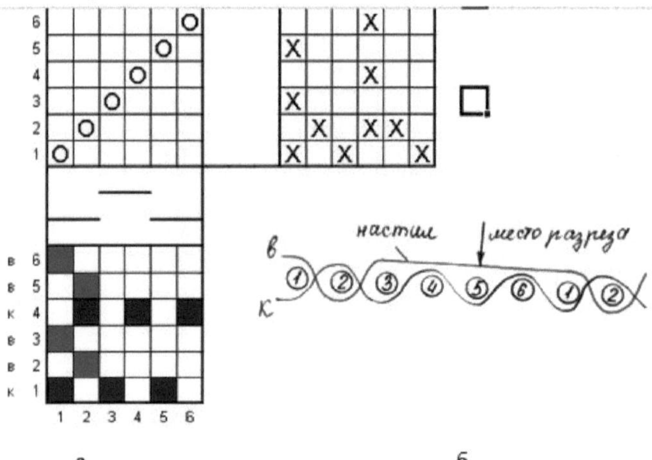

a 6

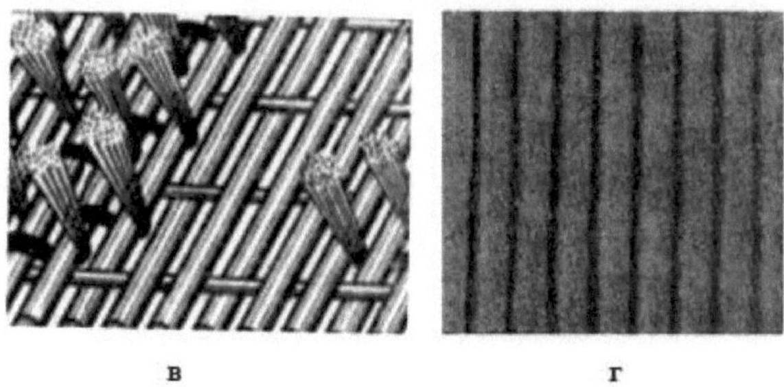

Fig.2: a - padrão de enchimento completo do tecido de bombazina; b - secção transversal do tecido de bombazina; c - esquema da estrutura do tecido de bombazina; d - vista do tecido de bombazina acabado.

A trama do fundo é uma trama simples. Comprimento da trama $n_{0B} = 5$ fios de urdidura, número de fios de base fixados por tramas de pelo $n_{03} = 1$, relação entre tramas de pelo ($n_{(uv)}$) e tramas de chão ($n_{(ug)}$) 2:1. Determinamos a relação com base na trama de base da pilha:

$R_{OB} = n_{OB} + n_{O3} = 5 + 1 = 6.$

RAMPA na base da trama de base: R_{O1}2.

Relação de trama da trama básica: $R_{(yr)} = 2$.

Proporção do tecido de acolchoamento sobre a base: = $R_O\, R_{O_B} = 6$.

= Rampa do velo de trama: $R_{(y)}\, R_{yr}\, (n_{(ug)} + n_{uv}) = 2\ (1 + 2) = 6$.

A figura 3 mostra o padrão de dobragem completo e a secção transversal de um tecido semi-barchatt com uma cobertura de pelo contínuo e uma relação de 4:1 entre o pelo e a trama do solo.

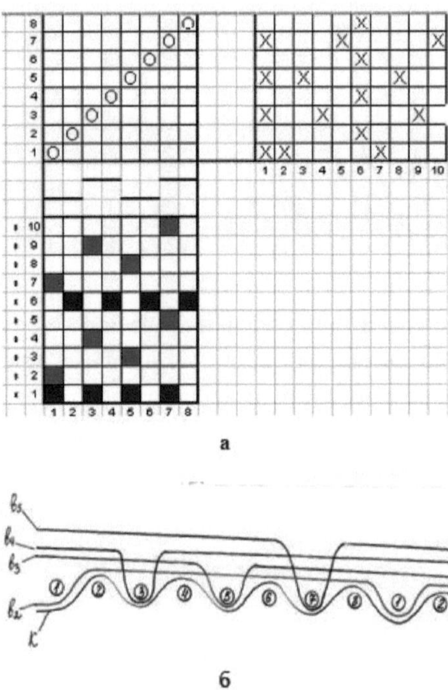

Fig.3 Tecido de lã de pato em meia-barbicha: a - padrão completo do tecido em meia-barbicha; b - secção transversal do tecido em meia-barbicha.

A trama do solo é lisa, a trama de pelo é construída com base num octamito de cetim irregular. = Relação de trama do tecido de lã de pato semi-veludo na base Ro $R_{OB} = 8$. = + Relação de trama do tecido de lã de pato semi-veludo na trama: $R_{(y)\,R(yr)}$ $(n_{(yr)\,nyB}) = 2\ (1{+}4) = 10$.

O número de taliscas do pano é de oito. A faixa nos talões é em sentido longitudinal, a faixa no dente da cana é de dois fios de teia cada. Todos os tecidos de lã em trama são produzidos a partir de fios de algodão de baixa densidade linear com uma densidade de trama muito elevada (1000 fios por Y cm e superior).

Tecidos básicos de linho

Nos fios de teia, a pilha é criada a partir dos fios de teia diretamente durante o processo de tecelagem. Os fios de pelo são cortados por um mecanismo de corte especial. As variedades de tecidos de base com pelo são as seguintes: veludo, que tem o pelo mais baixo (até 2 mm) e o mais denso, verticalmente em pé, que cobre o solo do tecido pela parte da frente; pelúcia, que tem um pelo mais alto (2-4 vezes mais alto do que o veludo), mas menos denso, que, devido à sua elevada altura, está disposto obliquamente, o que contribui para cobrir o solo do tecido pela parte da frente; peles artificiais com uma altura de pelo superior a 10 mm.

De acordo com o método de formação de pelo, os tecidos de base para pelo podem ser

- Tecidos tufados em que a superfície do pelo é formada por laços de pelo esticados firmemente ancorados no solo;
- cortados, tecidos em que a superfície do pelo é formada pelas extremidades dos fios que sobressaem do solo;
- tecidos de corte elástico, nos quais a superfície do pelo é formada por laçadas e pontas de fio salientes.

De acordo com o método de disposição do revestimento de pelo, os tecidos básicos de pelo podem ser:

- Pelo liso, tecidos com uma superfície de pelo liso contínuo;
- tecidos de padrão fino, com uma combinação de uma superfície lisa com um padrão pequeno;
- de padrão grosseiro, com uma combinação de trama lisa e de pelo com uma grande dispersão do padrão.

Em termos de composição das fibras, os tecidos básicos de lã podem ser feitos de lã, seda natural, algodão, linho, viscose, lavsan e outras fibras.

De acordo com o método de formação do tear, os tecidos de urdidura podem ser de trama simples ou de trama dupla.

Os tecidos de teia simples são produzidos em máquinas de varas. Consoante a forma das varas utilizadas, são produzidos tecidos com pelo estirado (varas redondas), com pelo cortado (varas ovais com uma lâmina nas extremidades) e com pelo estirado e cortado (varas redondas e). Os dados iniciais para a construção do padrão de enchimento são uma secção longitudinal do tecido, que é utilizada para determinar o tipo de trama, a proporção dos sistemas de fios e o método de fixação da pilha no tecido.

A trama do tecido da pilha de urdidura é geralmente uma trama simples, principal rep 2/2, principal meia-rep 2/2, trama 2/2. A relação do número de fios entre a urdidura e a urdidura da pilha pode ser 1:1:1, 2:1:1:1. A urdidura da pilha pode ser fixada em cada tecido com uma, duas, três ou mais tramas.

A Fig. 4a mostra uma secção longitudinal de um tecido de pelo formado pelo método da haste. O fundo é formado por uma trama de meia-repetição 2/1 (fios 1,2,3,4, Fig. 46) e os fios de pelo por uma trama simples (fios Bi e B_2 da Fig. $Zv_)$. Durante o estiramento da trama, os fios de pelo são obtidos juntamente com os fios de teia na base do tecido. Depois de três operações de enfiamento da trama, os fios de pelo sobem e descem durante a operação de enfiamento seguinte e são colocados na barra de laçada P1. Juntamente com o quarto enfiamento, a barra é pregada na borda do tecido. Neste caso, forma-se uma fila transversal de laçadas em cada barra a toda a largura do enchimento, que são cortadas com uma lâmina quando a barra é puxada para fora. Se as barras não forem cortadas com uma lâmina, as laçadas de estacas permanecem no tecido. O número de resmas no penso é de seis (Fig. 4g), o purl na resma é cumulativo, o purl no dente de cana é de três fios de teia cada.

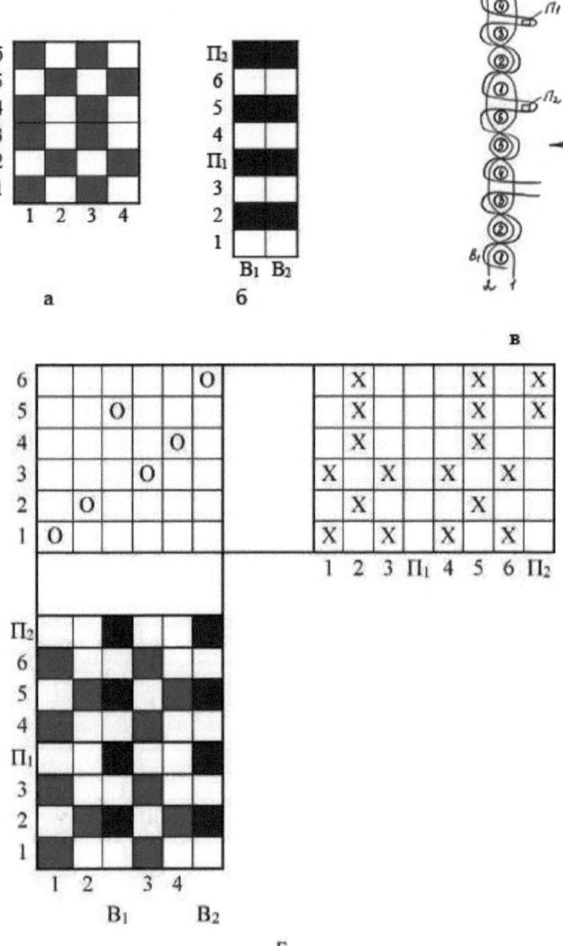

Fig.4. Tecido de teia simples: a - secção longitudinal do tecido de teia simples; b - trama do tecido; c - trama da pilha do tecido; d - padrão de enchimento completo do tecido de teia simples.

O método de tecelagem de urdidura de duas tramas caracteriza-se pela presença de dois fios de trama (trama superior e trama inferior) e três fios principais (trama superior, trama inferior e pelo) no sistema.

A essência da produção destes tecidos consiste no facto de as tramas das redes superior e inferior serem colocadas simultaneamente em dois galpões (superior e inferior). As tramas colocadas formam duas tramas em simultâneo com os fios de raiz, que são ligados pelos fios de urdidura da pilha que passam de uma trama para a outra. Quando o tecido é desviado, os fios de urdidura da pilha entre as tramas são cortados, resultando em duas tramas de tecido de pilha.

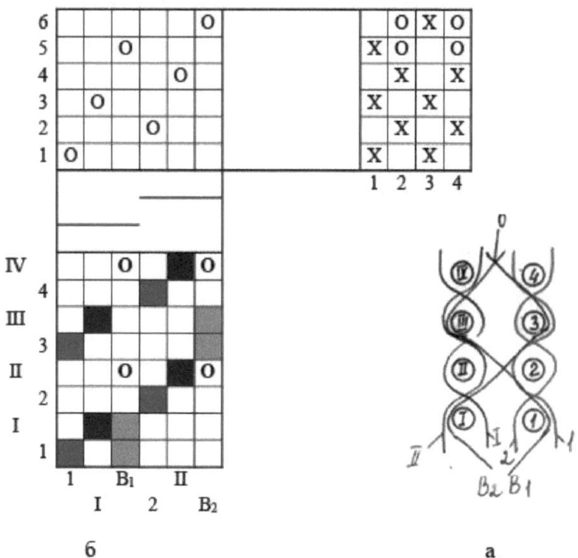

Fig.5.Tecido de lã de duas tramas: a - secção longitudinal do tecido de lã de duas tramas; b - padrão de enchimento completo do tecido de lã de duas tramas.

A Fig. 5a mostra uma secção longitudinal de um tecido aveludado de duas tramas e dois ziguezagues. Como se pode ver, os fios de urdidura 1 e 2 da trama superior e os fios de urdidura I e II da trama inferior estão entrelaçados, respetivamente, com os fios de trama superiores numa trama simples, como mostra a Fig. 56. Os fios de pelo Bi e B_2 são entrelaçados com o solo dos tecidos superior e inferior (com as tramas 1 e 3) numa trama de base 2/2. Aquando da colocação das tramas 2, II, 4 e IV, as urdiduras de pelo encontram-se na posição intermédia, ou seja, entre as tramas, posição esta assinalada com (0) na figura de enchimento Fig. 4b. A conceção da máquina garante esta posição intermédia das urdiduras de estacas. O número de fios no enfiamento é de seis, três fios em cada fio, três fios em cada fio e três fios em cada dente da cana. O rácio entre os sistemas de urdidura (urdidura superior, urdidura inferior e pelo) é de 1:1:1.3 A urdidura do pelo é fixada por um ponto em cada relação. O padrão de trama do tecido é $R_o = 6$ na urdidura e $R_y = 8$ na trama.

Os fios da teia são recolhidos através do dente da cana com um número de fios igual ou múltiplo da soma da proporção do número de fios da teia.

Conclusão

Os tecidos de lã de enchimento são concebidos para tecidos decorativos de vestuário e mobiliário e são produzidos em teares convencionais equipados com mecanismos potentes de desprendimento e mecanismos de libertação e tensionamento da teia. Utiliza-se a linha de costura, a costura de urdidura no dente de cana de 2-3 fios. Os tecidos básicos de pelo destinam-se a vestuário, cortinados e outros tecidos, e são produzidos em teares especiais equipados com mecanismos de enfiamento bidirecional (multidirecional) de libertação da teia e tensão para os fios da teia e do pelo, mecanismos de inserção e extração de barras (no método de formação de tecidos com varetas), um dispositivo para cortar os fios do pelo entre as teias na retirada do tecido.

CAPÍTULO 8

8. BOTÕES

Os tecidos acolchoados são um tipo de tecido de urdidura. Dividem-se em unilaterais (laços apenas na parte da frente do tecido) e bilaterais (laços em ambos os lados do tecido). Os tecidos de acolchoamento (felpa) são produzidos a partir de três sistemas de fios - fios de urdidura e de trama. O fio de urdidura de raiz é entrelaçado com a trama (repetição de base 2/2 e 3/1, etc.) para criar uma base do tecido, na qual os fios de urdidura de pena são fixados por repetição de base 2/2, semi-repetição de base 2/1 e 3/1, etc., etc. A relação entre o número de fios de urdidura e de urdidura em laço é de 1:1,2:1,1:2.

As seguintes condições de processo são necessárias para a formação de laços na superfície do tecido:

1 Diferentes tensões de urdidura (máxima) e de caseado (mínima).

2 Os fios de trama colocados no suporte de trama devem ter duas passagens incompletas (Fig. 1) por cada rotação do eixo principal da máquina, a uma distância igual ao dobro da altura da pilha **2h.**

3 A surfaçagem completa deve ser efectuada após a colocação da última utochina de cada relação (na Fig. 1, terceira utochina-3).

4 A toda a velocidade, todas as tramas do rapport (na Fig. 1, a primeira-1, a segunda-2 e a terceira-3 tramas) devem deslizar ao longo dos fios de urdidura esticados 1 e 2 a uma distância de **2h, prendendo** os fios do laço fracamente esticados *Bi* e *B 2,* formando laços cuja altura é igual a h.

5 Se o posicionamento da base da casa de botão for o mesmo em relação à trama (Fig. 1, terceiro ponto-3) da onda completa e à primeira trama seguinte do grupo de ondas incompletas (Fig. 1, primeiro ponto-1), formam-se laçadas em ambos os lados do tecido. Se a base da casa de botão se sobrepuser a estas duas tramas, forma-se uma laçada na parte superior do tecido, e se a base da casa de botão for baixada sob estas duas tramas, forma-se uma laçada na parte inferior do tecido.

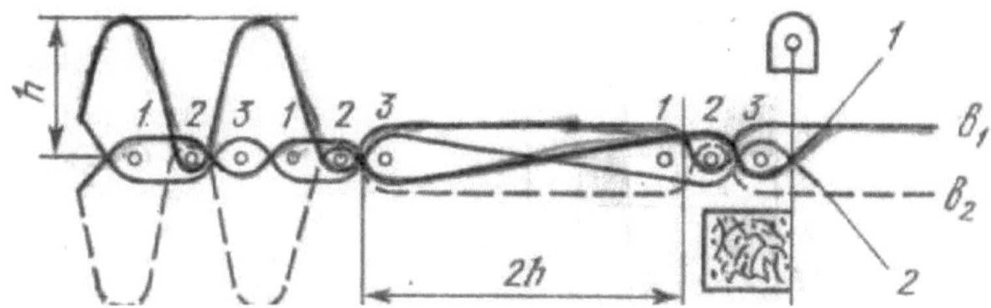

Figura 1. Esquema da formação de laços na superfície do tecido.

Os tecidos de felpa são produzidos em máquinas especiais com curso de batana variável, dispositivos que reduzem a tensão da urdidura da felpa e aumentam a tensão dos fios da urdidura em pleno afogamento.

Vamos construir o padrão de enchimento de um tecido felpudo de dupla face. A trama da urdidura da base (raiz) e do laço com os fios da trama é uma semi-repetição principal 2/1, a proporção do número de laços e fios felpudos é 1:1. A relação do tecido na trama $R_y = 3$, a relação do tecido na base Ro = 4. Para uma melhor fixação dos laços no tecido, a trama de urdidura dos laços é deslocada em relação à trama de urdidura por um fio na relação de trama ímpar e por dois fios na relação de trama par. Uma vez que, no nosso exemplo, a relação de trama tem um valor ímpar, deslocaremos a trama de urdidura em laço em relação à trama de urdidura por um fio (Fig. 2). Os fios de urdidura são recolhidos no remise de forma cumulativa, com dois fios no dente da cana - um de urdidura e outro de caseado.

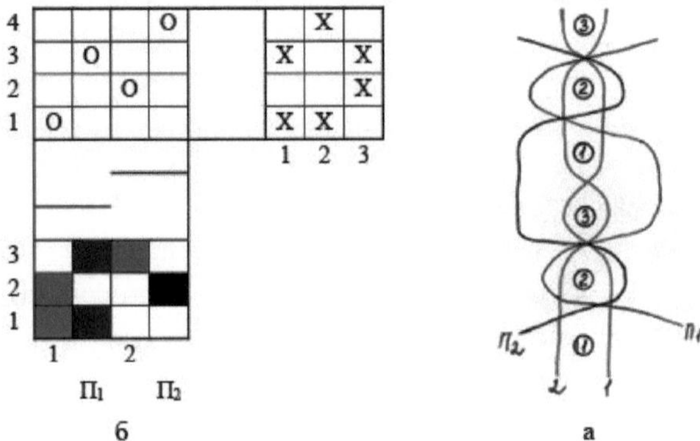

Figura 2. Tecido felpudo de duas faces: a - secção longitudinal de tecido felpudo de duas faces; b - padrão de dobragem completo de tecido felpudo de duas faces.

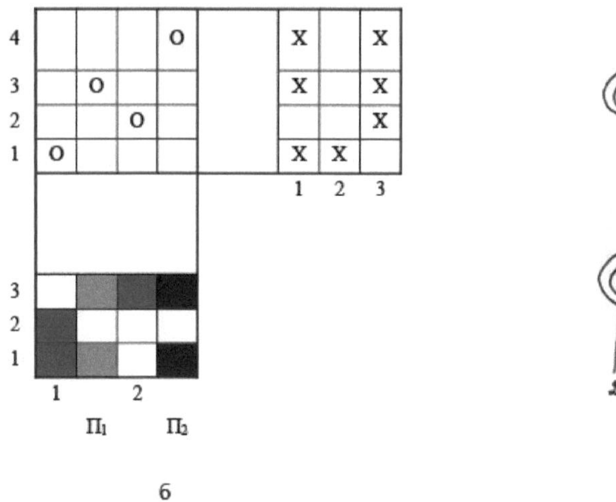

Fig.3. Tecelagem do tecido felpudo de dupla face: a - secção longitudinal do tecido felpudo de dupla face; b - padrão de enchimento completo do tecido felpudo de dupla face.

A figura Z mostra uma secção longitudinal e um padrão de enchimento completo de um tecido turco de dupla face com casa de botão unilateral, com base nos parâmetros do tecido turco de dupla face anterior. A combinação de padrões lisos e de casas de botão na superfície superior do tecido permite obter uma variedade de padrões.

Conclusão

Os tecidos felpudos são utilizados para o fabrico de lençóis, roupões de banho, toalhas, tapetes, etc. Os tecidos felpudos são fabricados em teares especiais equipados com uma dupla urdidura, com uma superfície variável (duas, três incompletas e uma superfície de dobragem completa), sistemas que permitem uma tensão máxima da urdidura e uma tensão mínima da urdidura em pena, dispositivos para a alimentação necessária da urdidura em pena na superfície de dobragem completa.

a alimentação necessária da urdidura em plena velocidade de trama. Para a urdidura de caseado, utilizam-se fios de torção inferior à da urdidura. O picotado no remiz é sumário. Um número de fios igual ou múltiplo da soma das proporções entre a urdidura e a urdidura da casa de botão é recolhido no dente da cana.

CAPÍTULO 9

9. TECIDO PIQUÉ

Existe uma tecelagem piqué simples e uma tecelagem piqué complexa. Numa tecelagem piqué simples, estão envolvidos três sistemas de fios - a urdidura facial, a urdidura posterior (acolchoamento) e a trama facial. O piqué complexo distingue-se pelo facto de, para além da trama facial, ser utilizada a trama de assentamento. Uma caraterística dos tecidos piqué é o facto de, na parte da frente do tecido, se distinguir claramente um padrão em relevo e convexo sob a forma de cicatrizes transversais, losangos, células, cujo contorno (bordos) é desenhado no tecido, que se assemelha ao padrão de um cobertor acolchoado, de um roupão. Por conseguinte, o nome piqué provém do francês, que significa acolchoado, cosido.

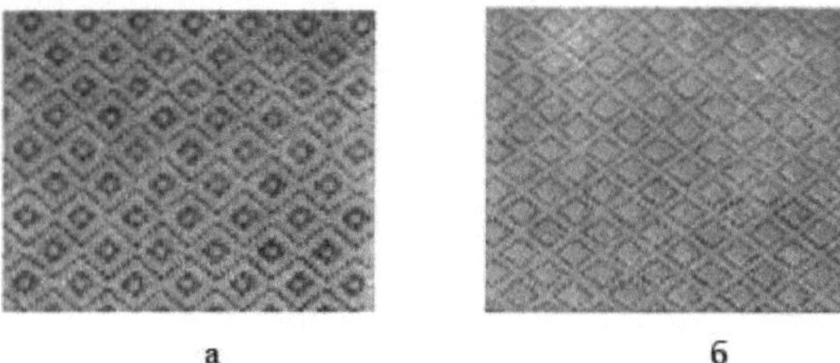

a 6

Fig.1.Vista de um tecido de piqué acabado: a - piqué simples; b - piqué complexo.

A urdidura de face e a trama de face são entrelaçadas para formar um tecido de face, geralmente de trama simples. A urdidura de raiz (acolchoamento) sobrepõe-se à trama de face ao longo do contorno delineado, com sobreposições curtas, localizadas principalmente na parte inferior do tecido, sob a forma de decks principais longos e esparsos. A particularidade da tecnologia de produção do tecido piqué é uma tensão normal da urdidura frontal na confeção e uma tensão muito elevada da urdidura principal, que provoca o aperto dos fios da trama na parte inferior do tecido. A relação entre as densidades da frente e da teia é de 2:1, e a relação entre a trama e o forro é de 2:1 (para o piqué complexo).

A urdidura R(y) é igual ao produto do menor múltiplo comum da urdidura R(y) do motivo do desenho e da trama simples multiplicado pela soma das proporções dos fios do sistema. A relação de trama R_y é igual ao menor múltiplo comum do motivo do desenho e da trama simples (para o piqué simples), e é igual à soma das relações de trama da face $R_{(yjI)}$e do forro $R_{(yn)}$ (para o piqué complexo). = + $_{R(y)\ R(yjI)\ R(yn)}$). A relação de trama da face R_{yjI} é definida como o múltiplo total das relações de trama do motivo do desenho e da trama simples. A relação de trama do forro R_{yn} é definida como a relação de trama da frente dividida pelo rácio das relações de trama da frente e do forro. = Por exemplo, se a relação entre a trama da frente e a trama do forro for de 2:1, então a relação da trama do forro será $R_{(yn)\ Ryn}/2$.

Um simples mergulho

Para construir um padrão de enchimento para tecido piqué, é necessário selecionar um motivo de padrão e desenhá-lo no papel de tela.

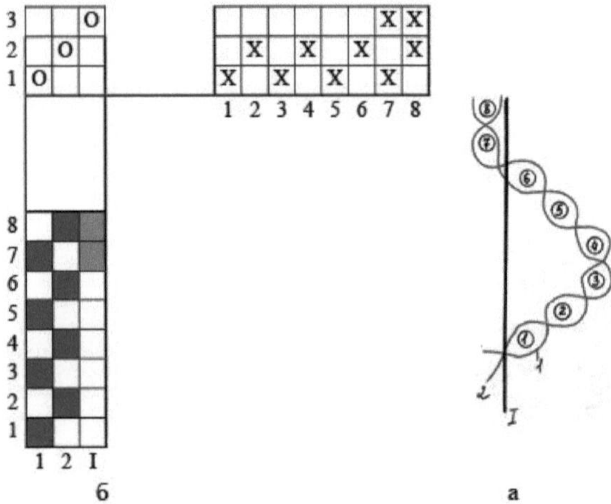

Fig. 1. Trama do tecido de piqué-borracha simples: a - secção longitudinal do tecido de piqué-borracha simples; b - padrão de enchimento completo do piqué-borracha simples.

O exemplo mais simples é um tecido piqué - um debrum, ou seja, um contorno de sobreposições curtas da urdidura de raiz da trama de face numa linha reta ao longo da largura do tecido e a partir do tamanho desejado (largura) do debrum sob o qual a urdidura de raiz está localizada.

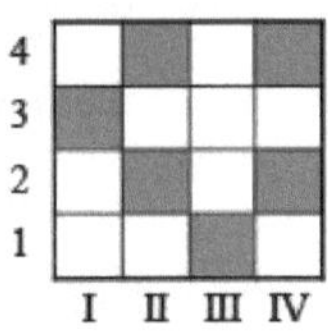

a

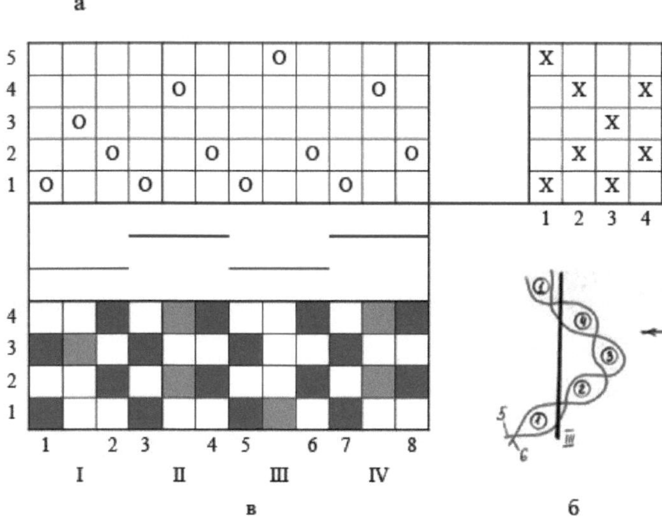

Fig. 2. Trama do tecido piqué simples: a - motivo do padrão do tecido piqué simples; b - secção longitudinal do tecido piqué simples; c - padrão de enchimento completo do piqué simples.

Quando a relação entre a teia de face e a teia de raiz é de 2:1. Relação de piqué simples na teia Ro = 3. O rácio de piqué simples na trama (dependendo do padrão desejado) é Ry = 8. A Fig.1 mostra o padrão de enchimento completo de um piqué simples e uma secção longitudinal de um piqué simples - de soldadura. As linhas são apanhadas no remiz linha a linha e no dente de cana por três linhas. A Fig.2a mostra o motivo do padrão piquet simples, através do qual determinamos a relação do padrão. = Roy R_y = 4. A relação da trama sobre a urdidura é de 2:1 entre a urdidura de face e a urdidura de raiz. = Ro $R_{(oy)}$ (2+ 1) = 4(2+ 1) = 12.

Na trama do tecido (Fig. 2c), construímos uma trama simples para a teia da frente e, em seguida, transferimos da Fig. 2a o motivo padrão para a teia da raiz. A recolha de fios no dente da cana é de três fios cada, e a recolha de fios no remiso é feita de acordo com o padrão para cinco remises. A Fig. 26 mostra um corte longitudinal do tecido piqué para o terceiro fio da teia.

Um pico difícil

Para obter um maior relevo (convexidade) do padrão no tecido, é introduzida uma trama de revestimento adicional (algures na ordem de uma ordem de fios mais grossa).

O piqué complexo é trabalhado numa máquina multicor. Vamos mostrar a construção de um piqué complexo - trama da mesma largura (Fig.1), com alternância de trama 4:1. Relação na base Ro = 3. = + Relação na trama $R_{(y)}$ $R_{(yjI)}$ $R_{(yn)}$) = 8 + 2 = 10.

No galpão, ao colocar a trama de forro, todas as urdiduras de face são levantadas e todas as urdiduras de raiz são baixadas, por isso colocamos as elevações (O) na Fig.Z. As tramas de forro são inseridas antes da trama de face 7. O padrão de acolchoamento no piqué pode ser organizado de acordo com um motivo arbitrário, por isso, ao construir um piqué complexo de acordo com o motivo, deve ter-se em conta que o fio da teia subjacente se sobrepõe à trama frontal, a trama de acordo com o motivo também se sobrepõe à trama de forro seguinte.

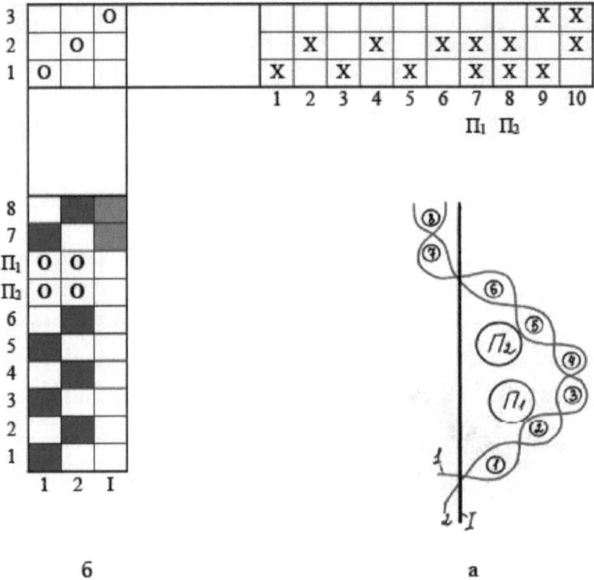

Fig. 3. Trama do tecido complexo de piqué-borracha: a - secção longitudinal do tecido complexo de piqué-borracha; b - padrão completo do tecido complexo de piqué-borracha.

A Fig. 4a mostra um motivo de sarja em losango. Na Fig. 46 é um padrão de dobragem de um tecido piqué complexo e a Fig. 4c é uma secção longitudinal do tecido. A relação entre a trama de face e a trama de forro é de 2:1. A relação entre a teia e o forro é de 2:1 para a face e para o forro.

= Ro Roy (2+ 1) = 4(2+1)= 12.

Relação com o pato:

= + = Ry Ryn Ryn Ryn + Ryn/ 2 = 4 + 4 / 2 = 6.

As tramas de revestimento são colocadas depois das tramas da segunda 2 e da quarta 4 faces. Em ambos os casos, três fios de teia são enfiados no dente da cana.

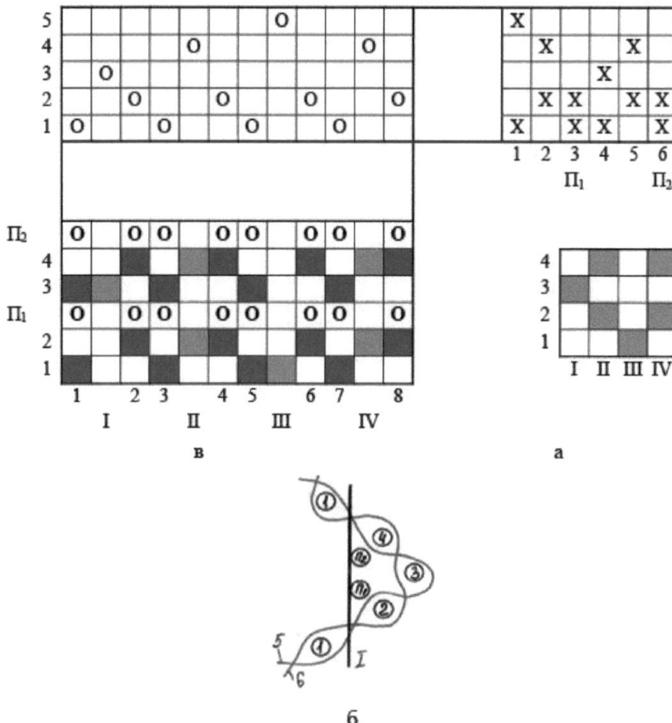

Fig. 4. Tecido piqué complexo: a - motivo do padrão do tecido piqué complexo; b - secção longitudinal do tecido piqué complexo; c - padrão de enchimento completo do piqué complexo.

Conclusão

Os tecidos piqué são produzidos a partir de fios de baixa densidade linear e são utilizados para confecionar fatos de verão, vestidos, cobertores, etc. Para isolar os tecidos, o avesso é submetido a um velo. Os tecidos de piqué são fabricados em máquinas com fio de duas pontas e alimentação multicolorida da trama (para o piqué complexo). Como mecanismos de descolagem, são utilizadas máquinas dobbies ou jacquard.

CAPÍTULO 10

10. TECIDOS PARA BORDAR E BORDADOS

Tecidos a céu aberto

Os tecidos que apresentam um efeito de rede na superfície, obtido através da torção dos fios de teia de um sistema com os fios de outro sistema, são designados por tecidos leno ou rede (Fig. 1).

Fig.1. Tecido de malha aberta.

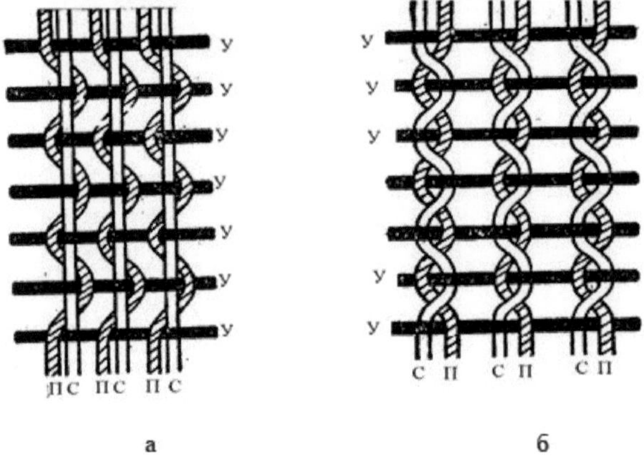

Fig.2. Tecido de ligadura de um tecido aberto, a - antes de retirar o tecido do tear, b - depois de retirar o tecido do tear, onde P - fio leno, C - fio de reserva, U - trama.

Os efeitos a céu aberto podem ser dispostos no tecido em toda a sua largura e sob a forma de riscas individuais, quadrados, xadrez, etc. A particularidade é é que, durante o processo de tecelagem, um sistema de urdidura (leno) é enrolado no lado direito e esquerdo do sistema de urdidura (donzela). Os fios de reserva têm uma tensão de enchimento elevada e os fios de leno têm uma tensão mínima, pelo que os teares têm um enchimento duplo.

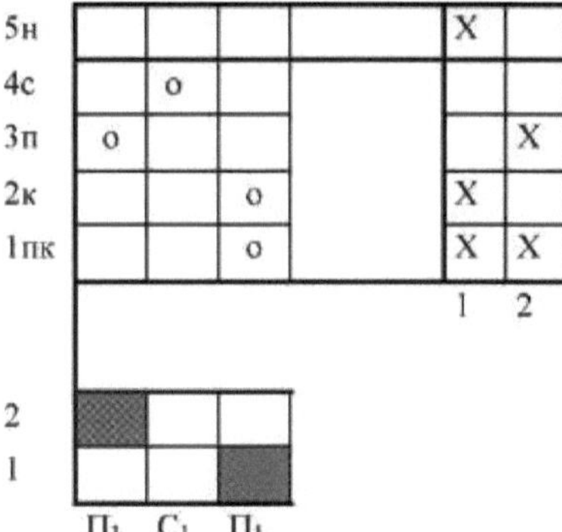

Fig.Z. Padrão de enchimento completo do tecido leno de um tecido simples com orifícios, em que: P - fio leno, S - fio stockinette, 1pk - meia asa leno, 2k - asa remizka leno, Zp - remizka leno, 4c - remizka stockinette, 5n - remizka de compensação.

O enrolamento dos fios de reserva com fios leno é efectuado com dispositivos leno especiais. Estão disponíveis os seguintes tipos de dispositivos de leno.

A primeira é representada na figura 4, em que os laços 1, 2 e 3 dos quadros de trama estão ligados ao olhal G, no qual se insere o fio leno P. Durante a primeira descarga da trama (primeira descarga), o laço 2 é levantado e com ele o fio leno P, situado no lado esquerdo da urdidura C, enquanto o laço 1 é baixado, que é feito de fio de baixa densidade linear. segundo fio de enchimento (segunda parte), levanta-se a laçada 1 e, com ela, o fio leno P situado no lado direito da teia da meia C e baixa-se a laçada 2. O laço 3 é utilizado para deslocar corretamente 1 e 2.

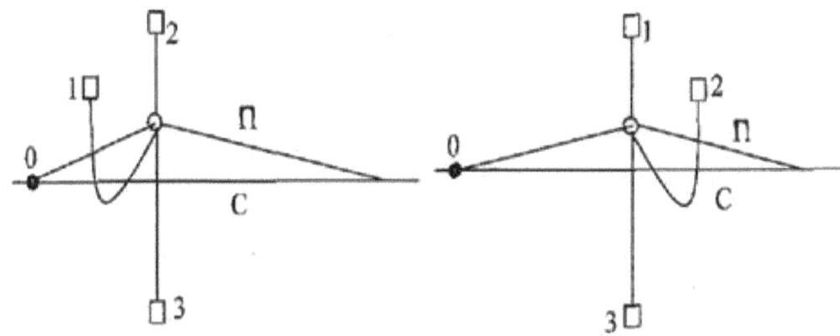

Primeira faringe Segunda faringe

Figura 4. O dispositivo de fixação da ligadura.

No segundo tipo de dispositivos (Fig. 5), o fio de urdidura é introduzido no olho do galev do tear de fio de urdidura 1 e o galev flexível (laços) com o olho G que transporta o fio leno cobre o fio de urdidura C e está ligado aos teares de fio leno 2 e 3. No primeiro enfiamento da trama (a primeira cala), o leno 2, movendo-se para cima, posiciona o laço com o olho e, juntamente com ele, o fio leno P no lado esquerdo do fio de trama C. O fio de trama colocado na cala e pregado no bordo do tecido fixa os fios de urdidura da leno e da meia nesta posição.

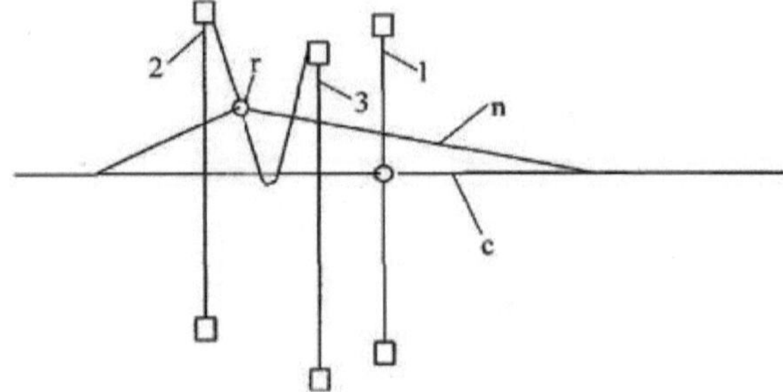

Primeira faringe

Figura 5. O dispositivo de fixação da ligadura.

Na segunda rotação do eixo principal (Fig. 6, mudança de galpões), o ilhó 3 movendo-se para cima posicionará o ilhó com laço e, consequentemente, o fio leno P à direita do fio C.

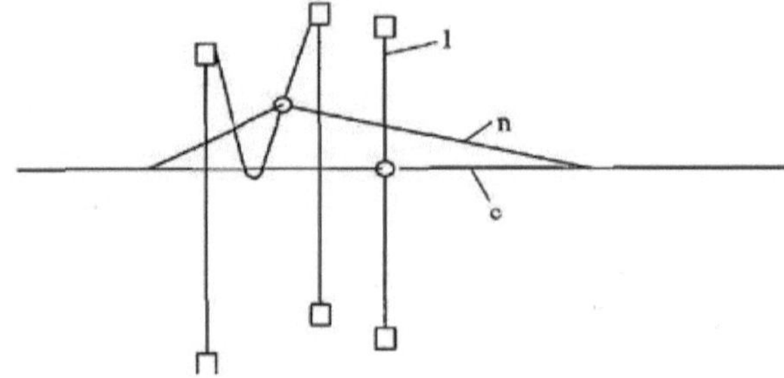

Segunda faringe

Figura 6. Fixação da ligadura

A Fig. 7 mostra o terceiro tipo de ligaduras, em que os fios de reserva C são inseridos nos olhos da ligadura 1, e os fios de ligadura P nos olhos da ligadura 2 e no par de ligaduras constituído por uma asa 3 e uma meia asa 4. A asa 5 é uma remizka vulgar no olho da meia asa que é penetrada por laços flexíveis (de fio torcido ou de monofilamento) da meia asa.

No primeiro bocejo (Fig. 7), a linha leno P é posicionada à esquerda da linha de reserva C, levantando a linha leno 2 e a meia asa 4, com a asa 3 e a linha de reserva 1 baixadas.

No segundo galpão (Fig. 8, segunda utochina), a leno-fio P é posicionada à direita da linha de estoque C, levantando a asa 3 e a meia asa 4, com a leno-fio 2 e a linha de estoque 1 abaixadas.

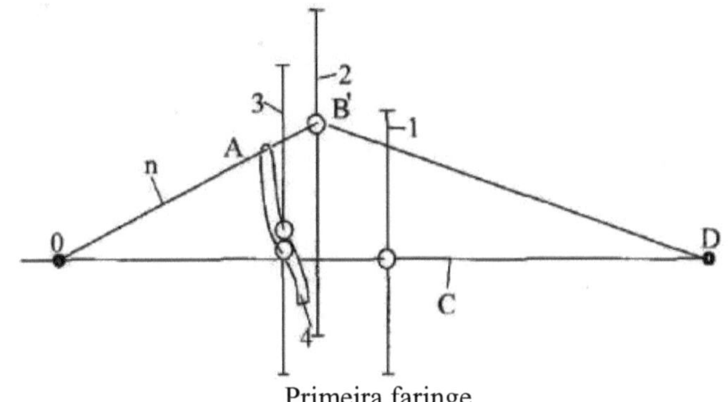

Primeira faringe

Figura 7. O dispositivo de fixação da ligadura.

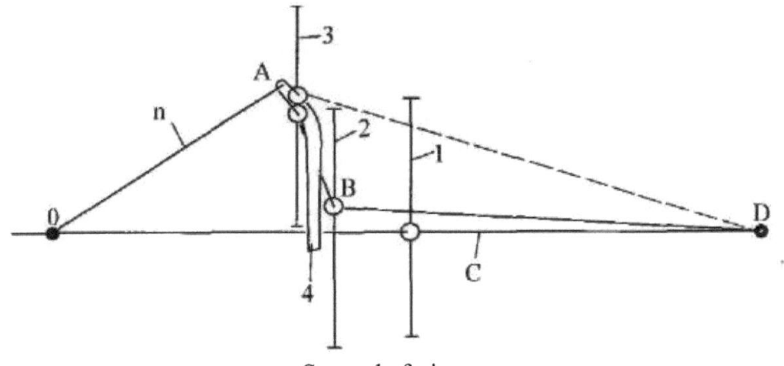

Segunda faringe

Figura 8. O dispositivo de fixação da ligadura.

Como se pode ver, em cada rotação do eixo principal da máquina, a meia asa é colocada na posição superior e a cremalheira 1 na posição inferior.

A formação do primeiro galpão não causa tensões elevadas nos fios leno P, uma vez que a crista leno 2 e a meia asa 4 estão no topo com a geometria do revestimento do fio leno OAD.

A formação do segundo galpão provoca uma tensão elevada nos fios do leno, uma vez que a asa 3 e a meia asa 4 estão na posição superior e a teia do leno 2 está na posição inferior, o que altera a geometria do enchimento do galpão no OAWD. +Para compensar o comprimento da teia leno igual a (AB BD- AD), são utilizados os seguintes métodos:

1 Instalação de um escalo adicional de oscilação forçada para a urdidura leno, que solta a urdidura leno quando se forma um segundo galpão.

2 Rodar a leno com a base da leno num pequeno ângulo adicional quando se forma a segunda calote.

3 Instalação de um remizki adicional (de compensação), em cuja galeria

penetram fios de leno, soltando os fios de leno da urdidura aquando da formação da segunda cala.

Na produção de tecidos de linho, para além das galgas flexíveis (com fios), são utilizadas galgas rígidas (de metal, de plástico).

A figura 9 mostra uma gálea metálica com um olhal na parte superior da gálea, no qual está roscada a rosca de stock C, estando a superfície exterior da gálea em contacto com a rosca leno P.

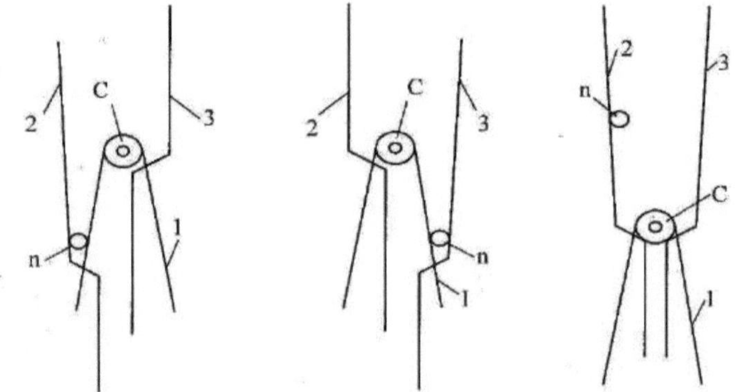

Figura 9. O dispositivo de fixação da ligadura.

Ao baixar a asa esquerda 2, a linha leno P é deslocada para baixo e posicionada à esquerda da linha de reserva C. Ao baixar a asa direita 3 leva a um movimento descendente do fio leno P e à sua localização à direita do fio de reserva C. As galés rígidas ocupam mais espaço do que as galés flexíveis (galés roscadas) e, quando se efectua a lenoagem, os fios leno podem ficar presos, o que leva a um aumento da rutura do fio. Para produzir tecidos com leno com um máximo de 12 fios por 1 cm, utilizam-se máquinas especiais, nas quais as galevas de reserva e de enxertia (remizki) são substituídas por barras com agulhas, que fazem um movimento lateral para formar um leno e, em seguida, em altura para formar um galão.

Tecidos bordados

A construção de um tecido deste tipo é muito simples: utiliza-se um tecido simples, por exemplo, de ponto liso, e nalguns locais é colocado um pequeno padrão adicional, executado por fios de urdidura ou de trama, situados ao lado ou perto uns dos outros, sob a forma de pranchas ou bordados. Por conseguinte, os tecidos deste tipo são designados por tecidos bordados. O padrão do bordado pode ser executado com fios de urdidura ou de trama. Os tecidos bordados distinguem-se em tecidos bordados de urdidura e tecidos bordados de trama.

Os tecidos de base para bordar são fabricados a partir de, pelo menos, dois sistemas de urdidura (fio e bordado) e um sistema de trama (fio). Devido ao tratamento acentuado da urdidura e da urdidura de bordado, estas são enroladas em urdiduras separadas. Os fios da teia de bordar formam um padrão na superfície do tecido sob a forma de riscas longitudinais ou no padrão desejado com saltos (Fig. Yua). Os fios de bordado passam então para o avesso do tecido e podem ser fixados de acordo com a regra da trama de urdidura subjacente. No enfiamento em jacquard, os fios de urdidura do bordado são apanhados em cordões de arcada, os fios de urdidura do solo são apanhados em remizki separados, cujo número depende da trama do tecido do solo e do tipo de apanhado. No enchimento da máquina, é possível alimentar as linhas de bordar a partir das bobinas situadas no carretel situado na parte de trás da máquina, com um pequeno número de linhas de bordar (padrões) no tecido.

Os tecidos para bordar em pato têm um sistema de urdidura (solo) e, pelo menos, dois sistemas de trama (urdidura e bordado). A produção de tecidos para bordar com trama requer uma máquina especial com mecanismos especiais, que permite introduzir no tecido fios de trama de bordado de cores diferentes (heterogéneos) e ajustar a densidade da trama do tecido (Fig. 10a). Isto deve-se ao facto de o número de fios em 10 cm. de trama de bordado ser adicional ao número de fios em 10 cm. de trama de fundo, na formação do tecido de fundo. Se houver secções de tecido sem trama bordada ao longo do comprimento do tecido, então nestas secções o número de fios por 10 cm. de trama será duas vezes menor do que nas secções com trama bordada (na alternância de trama 1:1). Por isso, ao produzir secções de tecido sem fios de trama bordados, os reguladores de mercadorias durante este período não retiram o tecido da zona de formação ou reduzem o valor da retirada de tecido para metade. Isto é conseguido desligando ou reduzindo o curso do transportador ou reduzindo a velocidade do motor no controlador eletrónico do produto. Se a trama do bordado formar um padrão ao longo de todo o comprimento do tecido sem interrupção, não é necessário um controlo variável do desvio do tecido.

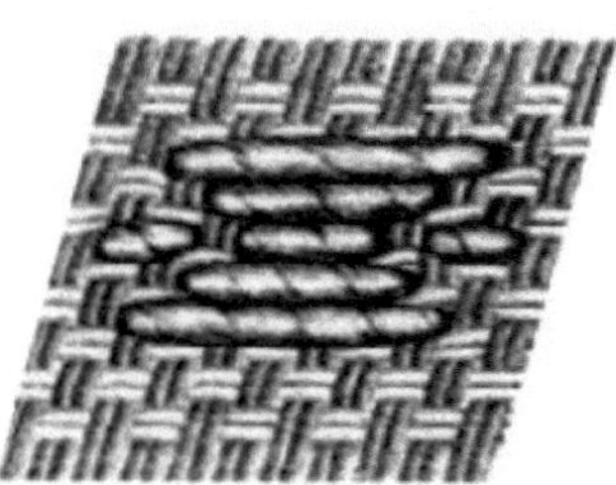

a 6

Fig.10. Tecidos bordados: a - tecidos de bordado básico; b - tecidos de bordado fino.

Conclusão

Os tecidos leno são produzidos a partir de fios e linhas de vários tipos de densidade linear, combinações de tipos e cores. São utilizados para o fabrico de vestidos, blusas, cortinas, peneiras, filtros e outros produtos, bem como para a fixação dos bordos dos tecidos nos teares. Os tecidos de tecelagem leno simples são produzidos em teares equipados com um dispositivo de regulação de duas urdiduras, uma vez que a tensão da urdidura e da urdidura leno é diferente. Para além dos teares convencionais, estes teares possuem teares complexos compostos por duas partes: uma asa e uma meia asa. As máquinas estão equipadas com um mecanismo de guinada excêntrico ou de carro, consoante a complexidade da tecelagem. Deve ser instalada uma barra de compensação para compensar a tensão da teia do leno. Para a produção de tecidos leno complexos, em alguns casos, é necessária a instalação de uma cana de conceção especial e de guias especiais para o movimento da lançadeira através da calha. Devido ao facto de a confeção e a produção de tecidos a céu aberto estarem associadas a algumas dificuldades, sempre que possível, são substituídos por tecidos de trama translúcida, que imitam os tecidos a céu aberto e são designados por falso ajour. Os tecidos de tecelagem leno são produzidos a partir de fios e linhas de diferentes tipos, densidade linear, combinações de tipo e cor. São utilizados para o fabrico de vestidos, blusas, cortinas, peneiras, filtros e outros produtos. Os tecidos leno são utilizados para a fixação de bordos de tecidos em teares hidráulicos, de pinças e de jato de ar, bem como para a fixação de bordos de tecidos estreitos quando estes são produzidos em várias teias em teares largos.

Os tecidos de urdidura para bordar podem ser produzidos em qualquer tear, com qualquer desenho, com um dobby com um grande número de dobbies e a possibilidade de instalar uma urdidura adicional para a urdidura para bordar.

Os tecidos de trama bordados só podem ser produzidos em máquinas multicores ou de trama múltipla equipadas com um dispositivo especial de fio de trama bordado.

LITERATURA

1 Rakhimkhodjaev S.S., Kadyrova D.N. Teoria da estrutura dos tecidos. Livro de texto. Tashkent. Adabiyot uchkunlari. 2018. - 212 pp.

2 Kutepov O.S. "Estrutura e conceção de tecidos" - Moscovo, Legkaya Industriya 1988.

3 . N. GOKARNESHAN. Estrutura e design de tecidos. Copyright © 2004, New Age International (P) Ltd, Publishers Publicado por New Age International (P) Ltd, Publishers.

4 P R Lord e M H Mohamed. TECELAGEM. Conversão de fio em tecido. Segunda edição Editado por, North Carolina State University, USA , 408 páginas, 1982

5 Damyanov E.B. et al. "Estrutura dos tecidos e métodos modernos de conceção de tecidos" - Moscovo, Legkaya Industriya 1984g

6 E.Sh. Olimboev, "Tukimalar tuzilishi nazariyasi" "Alokdchi" nashr. Toshkent, 2006.

7 Martynova A.A. et al. "Estrutura e conceção de tecidos" - Moscovo, Legkaya Industriya. 1999г

8 . G. H. Oelsner's. A Handbook of Weaves é o livro de padrões de tecelagem mais conhecido e mais acessível. 18 de novembro de 2004.

9 Prabir Kumar Banerjee. Princípios de FORMAÇÃO DE TECIDOS. © 2015 by Taylor & Francis Group, LLCCRC Press é uma marca do Taylor & Francis Group, uma empresa Informa.

10 HANDBOOK OF WEAVING *Editado por S Adanur, Departamento de Engenharia Têxtil, Universidade de Auburn, EUA* 440 páginas 543 figuras 68 tabelas 254 x 176mm capa dura 2000 ISBN 1 58716 013 7 Q115.00/US$190.00/Euro160.00

12 HANDBOOK OF TECHNICAL TEXTILES *Editado por A R Horrocks e S Anand; The Bolton Institute, Reino Unido* 576 páginas 244x172mm capa dura outubro de 2000 ISBN 1 85573 385 4 Q175.00/US$290.00/Euro245.00

13

Printed by Books on Demand GmbH, Norderstedt / Germany